日本の自前資源の、たった今の現在、それから近未来について日本でも世界でも最初のリアルな証言集になりました。

対論をしていて研究者の皆さんの話が、あまりにもスリリングに常識を打ち破って、しかも決して堅苦しいだけではなく自然なユーモアまでたっぷり、要はものすごく面白いことに気づきました。

これを何とか研究者の世界の外、幅広く一般社会の皆さんに伝えたい、という気持ちもどんどん湧《わ》いてきました。そこで、本のタイトルを「科学者の話ってなんて面白いんだろう」としました。

私は二〇一三年六月に『希望の現場　メタンハイドレート』（ワニ・プラス）を上梓しました。二〇〇四年から日本海のＭＨの調査に関わってきた立場から、現場で見聞きしたことを初めてダイレクトに証言した内容です。

それが二〇一六年秋に思いがけず新書となり、『氷の燃える国ニッポン』と改題して再生しました。ＭＨが「燃える氷」と呼ばれていることから来る新タイトルです。

背景にあるのは、ＭＨの実用化に向けて、少しずつ前進が始まっているという事実です。

このインタビュー・対論集は、この前著より格段に幅を広げ、より深い内容の書と言っていいと思います。

日本の自前資源がものになるかどうか。

それはわたしたち研究者・学者よりも、そして国会議員や官僚よりも誰よりも、日本の主権者・有権者が的確に、公平に理解なさり、積極的になるべき場面ではどこの国の有権者よりも能動的になれるかどうか、それにかかっています。

資源エネルギーは、祖国と国民の根っこです。

有権者が考えるヒントに、この本をしてもらえれば嬉《うれ》しいです。

皆さん、研究の時間の合間を縫ってインタビュー・対論に協力していただき、ありがとうございました。

二〇一七年三月

東京海洋大学准教授・水産学博士

青山千春

メタンハイドレートの生産方法についての研究はどこまで進んでいるか 180
国立研究開発法人 産業技術総合研究所名誉リサーチャー 成田英夫氏

砂層型メタンハイドレートの研究開発のステップは確実に上がっている 202
国立研究開発法人 産業技術総合研究所 メタンハイドレートプロジェクトユニット代表 天満則夫氏

技術の粋を官から民間に渡す 212
国立研究開発法人 産業技術総合研究所 北海道センター所長代理 長尾二郎氏

環境影響評価は前進している 217
応用地質株式会社技術参与 横山幸也氏

第三章 いよいよ使える自前資源の生産に向けて

メタンハイドレートから天然ガスを生産するのだから、それを運ぶパイプライン整備だ！　236
株式会社国士ガスハイウェイ社長　朝倉堅五氏

新発見！　メタンハイドレートは探鉱がいちばん簡単か！　262
日本メタンハイドレート調査株式会社・日本海洋掘削株式会社　掘削技術事業部　長久保定雄氏

バイカル湖の体験を日本海で生かしたい　276
日本大学生産工学部土木工学科教授　西尾伸也氏

堺港発電所、その世界最優秀の技術者たちとの対話　298
関西電力　堺港火力発電所

メタンハイドレート由来のガスなら効率よく発電できる　316
九州大学大学院准教授　渡邉裕章氏

メタンハイドレートの研究開発に水中ロボットを活用しよう
九州工業大学社会ロボット具現化センター長　浦　環氏　327

まとめ――前へ進もう！　自立は楽しい　347
新潟大学　災害・復興科学研究所教授　福岡　浩
参議院議員　×青山繁晴
株式会社　独立総合研究所　代表取締役社長　×青山大樹
東京海洋大学准教授　×青山千春

あとがき　370

第一章

日本は変わり始めている

メタンハイドレートを政府は、本当はどうしようとしているのか

メタンハイドレート（ＭＨ）をあつかう、政府の部門はどこでしょうか。

経済産業省のなかに、資源エネルギー庁という国民には意外に知られていない「庁」があります。

日本のお役所は、まず省があって、そのなかに庁というインナーの組織が置かれていることがあります。例えば防衛省なら、そのなかに防衛装備庁という庁を抱えています。局や部、課よりも大きいけれど、省として自立するほどではないという意味合いもありますね。

日本の国家としてのエネルギーを取り仕切るのは、この資源エネルギー庁です。

アメリカなら、エネルギー省（Department of Energy：ＤＯＥ）です。自立しています。どこかの省の一部ではありません。

それはアメリカのエネルギー省が核を管理しているという、日本にはない事情もあ

ります。しかし「自前エネルギーの確保こそが国家の命運を決する」というコンセプトが国是であり、国民も広くそれを理解しています。だから自立した、ひとつの省です。自立した省として大きくて、常に発言権も強い。

一方で、日本はあくまで経産省の一部の、庁にすぎません。

これが、ＭＨが登場するまでの日本のエネルギー政策を象徴していると言えます。要は、外国から買うだけだから、それはそれで重要だけど省を立てるほどのことではなかったのです。

資源エネルギー庁の幹部も、日本の官僚らしく極めつけの優秀さです。すべて前例通りに、きちんと、まるで絵に描かれた料理をそのまま湯気を立てて眼の前のテーブルに出すように仕事をなさいます。

しかし何かを新しく創る、これまで決してやらなかった前例のないことを初めてやる、それは本当に苦手です。いや、苦手、得意という以前に、決してやろうとしません。

やればむしろ出世に響くし、天下りにも悪影響を及ぼすからです。天下りが今、問題視されていますが、それはやり過ぎの違法なケースであって、合法的な天下りはどっさり大量にいつも行われています。

従って、日本が建国以来初めて抱擁《ほうよう》している本格的自前資源のＭＨは、資源エネルギー庁のなかで邪魔者扱いを受けてきました。

日本は資源のない国であって、実は資源があるなんて、前例のない話はほんとうに困るのです。

わたしたちは最前線でその現実と真正面からぶつかってきた、時代の証言者でもあります。

一生懸命に資源エネルギー庁を何度、訪ねても、部屋の片隅でお役人からどれほど冷淡に扱われたか。

そもそも資源エネルギー庁、通称だと「エネ庁」には、いまだに「石油・天然ガス課」と「石炭課」しかありません。メタンハイドレートの名を冠する部署はないのです。

いつもこの「石油・天然ガス課」で、シンクタンクである株式会社独立総合研究所（独研）の社長だった青山繁晴がどうにかアポイントメントを取り付けてくれて、課長さんらに会えることは会えるのですが、何を具体的に提案しても上の空でした。

わたしたちがもうとっくに、表層型ＭＨ（一一六頁参照）の白い塊を日本海の海底から採取し、メタンプルームもたくさん発見しているのに、当初政府は砂層型ＭＨを対象とした開発計画を立てていたので、あとから発見された表層型ＭＨに対しては、扱いが冷たかったのです。

そして、私がひとりで訪ねると、当時のキャリア組の課長が突然、「そんなに表層型ＭＨに拘《こだわ》るのなら、あなたなど国賊だ」と言いました。ビックリしました。

これを知った、当時は一民間人の青山繁晴は直ちに行動を起こし、エネ庁のトップ、長官の部屋に押しかけて、当の課長もそこへ呼び出し、端で見ていても鬼気迫るほどの迫力で「あなた方こそ国益を損ねている。日本の主人公は国民だ。国民のひとりとして許さない」と詰め寄りました。

その結果、エネ庁と東京大学の学者らがいつもこっそり開いている非公開の会議で初めて、表層型ＭＨを海底で実際に見つけたわたしたちの映像を、壁に映し出すことができたのでした。

ところがその会議でも、若い研究者から「こんな資源が実際にあるじゃないか」と驚きの声が上がると、座長である東大の学者が「青山さんたちはここまで」と叫び、会議室から追い出されてしまったのでした。

有権者、国民として、あるいは専門家、科学者としてこの場で客観的に事実を証言しておきます。

青山繁晴はこれから何年も経《た》ってから、この現実を打ち破るためにも、本人が嫌っていた選挙にあえて出馬し、大量得票を集めて参議院議員となり、参議院の経済産業委員会で今、委員を務め、ＭＨについて国民の代表のひとりとして政府に質問しています。

さて、こうやって苦闘を続けているあいだに、官僚のなかでも少し変化が起き始めました。

そのトップバッターと言うべきひとたちが、これからご紹介する住田孝之さん、そして南亮さんです。

後者の南さんが、前述の石油・天然ガス課の課長さんで、住田さんは、その課が属する資源・燃料部の部長さん、つまり南さんの直属の上司でした。

このふたりが、初めて真っ直ぐにわたしたちの話を聴いてくれた人たちです。政府が表層型ＭＨにも取り組む、最初の動きを創ったコンビと言っていいでしょう。

青山繁晴はこういう高級官僚を「良心派」と呼び、いつも「社会のどこにだって実は良心派がいるのが、日本の凄《すご》いところだ」とテレビ、ラジオや講演で言っています。

そして日本の官僚は前述のように極めつけの優秀さですから、政府の理系、技術系の部門で責任ある地位に就いた人のなかには、立派な科学者でもある人が少なくありません。東大なら東大の出身学部が文系か理系かはほとんど関係ありません。仕事で鍛えられた科学者です。

住田さんと南さんも、良い意味でその典型です。

まず住田さんと、リラックスしてじっくり対論してきました。

スレンダーな長身で、ハスキーボイスの住田さんは今、経産省の本省に戻られて、商務流通保安グループの商務流通保安審議官という要職にあります。

エネ庁の幹部たちは、ほとんど皆このように、エネ庁時代は通過点で、やがて本省に戻ってしまうのです。そこが問題点のひとつです。

しかし住田さんは、本省に戻られても表層型を含むＭＨに深い関心を維持されています。

住田さんとの対論は、意外な側面を浮き彫りにします。単なる官僚ではなく、科学者としての姿勢が、そこには伺えます。

予算は多ければいいというものではない

青山　ＭＨに関わったのはエネ庁の資源・燃料部に所属される前からですか。何となくそんな気がします。とてもお詳しいですから。

住田　前からです。当時、私は海外にいましたが、日本でＭＨが大変注目をされていることは知っていて、その頃から問題意識としては持っていました。

青山　じゃ、ＭＨについての政府の考え、というか本音の中の本音を今日は聞かせてください。

住田　資源がないと言われている日本だからこそ、ＭＨは広い世界のなかでも日本の周辺に集中的にあるのですから、政府はこの頃、本気で大事にしたいと考え始めています。

太平洋側に多く存在する砂層型ＭＨ（一一六頁参照）も、日本海側に多く存在する表層型ＭＨも、まだその量の全体像は分かっていません。しかしながら、分からないということはいろいろな可能性があるということです。大きな潜在力があると考えています。

青山　エネルギー資源の開発には大きな予算が必要です。しかし今、ＭＨについている予算はあまりに少ないのではないでしょうか。せめてゼロがひとつ多ければ、砂層型ＭＨ、表層型ＭＨいずれにしても、もっとやりたい調査ができます。現在の予算額では「国（政府）は本当に実用化を目指しているのか」と疑問を感じるのですが……。

住田　いろいろな意見があるでしょうが、政府が資源開発で常に意識しているのは、商業ベースに乗せないとダメだということです。そのために、開発当初の段階から民間企業が何らかの形で関与するようにならないといけないと思っています。

大きな予算をつけて国営でやるとなると、利益を度外視しがちなので、逆に開発のスピードが上がらない恐れがあるのです。

青山　わ、それは盲点ですね。

住田　そうです。これまでに、砂層型ＭＨは基本的な採り方（生産方法）を確立してきました。減圧法（※１）と呼ばれる手法です。

そのときに（井戸に）砂が詰まってしまうことがあるのですが、それが起きる理由もかなり分かってきたので、そこを修正してさらに実証していくということになるでしょう。

※１　ＭＨが存在する海底下の地層まで井戸を掘り、井戸のなかの圧力をポンプで下げる、すなわち減圧すると、地層内のＭＨが分解され、メタンガスとして海面方向に上昇する

大きな予算をつけると、確かに一時的には人は集まると思います。お金を目当てに集まる人は多いものです。

しかし予算が（いまより）一桁多いと、食い散らかされて「さようなら」となる可能性もあります。予算が多いと、本気の人にやってもらうのは逆に難しくなるものです。

しかも、民間の投資とは違って国の予算は単年度なので、「予算をつけたら使い切ってしまおう」となります。

そうなると、集まってきた人に予算を割り当てる感じになり、翌年度の予算を減らせなくなります。その結果、本当に資金が必要な人に予算が回らず、とにかく集まってきた人に予算をつけるという「本末転倒」になってしまいます。

それで何年か経っても結果が出ず、ネガティブな評価が出ると「ムダ遣い」などと言われ、ＭＨ開発自体に傷がつくことを私を含めて政府は恐れているのです。

予算を増やそうと思えば、ＭＨ開発に対する応援団は多いので、いまの何倍もつく可能性はあるかもしれません。だから尚更、本気の企業や研究者に集まってもらいたいと考えています。

そういう選別の意味も含め、制限された予算でも悪くないと思っています。

青山　なるほど。科学の発展という根っこを考える眼で見れば、こういう視点もあるのですね。私にとっても新鮮なお話です。

対論を終えて――
自前資源に本気になってきた政府

経産省の大幹部である住田さんは「予算は大きければ良いというものではない。その理由は、大きな予算を付けて国営で開発をやるとなると利益を度外視しがちで、逆に開発のスピードが上がらない」と鋭く指摘されました。

その指摘はよく整理されています。①大きな予算をつけると、一時的に人は集まる②しかし民間の投資とは違って国の予算は単年度なので、「予算をつけたら使い切ってしまおう」となる　③そのため集まってきた人に予算を割り当てることが優先され、既得権益化が始まる　④既得権益のための次年度予算を減らせなくなる　⑤本当に資金が必要な人に予算が回らなくなる　⑥そう分かっていながらとにかく集まってきた人に予算をつけるという本末転倒になる　⑦こうなると何年か経っても結果が出なくなる　⑧ネガティブな評価が出る　⑨ムダ遣いなどと言われる　⑩ＭＨ開発自体に傷がつく。このお決まりの道をＭＨもたどることを住田さん含め政府は恐れているという、いままでに聞いたことがない視点からの意見でした。

とても新鮮でしたし勉強になりました。そして少し安心しました。

次は、南亮さんです。

メガネの奥の眼が温和な、話しやすい人柄の南さんは、前述したように、資源エネルギー庁（エネ庁）の石油・天然ガス課長でした。この南さんも現在は、経済産業省の本省に戻られ、通商政策局の欧州課（含ロシア）でバリバリの課長さんを務められています。

〔ロシア〕

インドがＭＨ開発に大きな関心を持つ理由とは

青山　南さんがエネ庁で石油・天然ガス課長だったとき、強烈に印象的だった出来事が起きました。

それは、二〇一四年の日本海連合（※1）の公開フォーラムでのことです。

パネリストのひとりを務められた南さんが、天然ガスの価格交渉に言及され、「日本が（日本海の）表層型ＭＨの開発に本気になるらしいというだけで、ロシアが天然ガスの価格を下げてくる」と仰《おっしゃ》いましたよね。

公開の場でのあの発言には驚きましたし、勇気づけられました。

同じくパネリストだった青山繁晴・独立総合研究所社長（当時。現・参議院議員）も感動していました。日本海連合に所属する知事さんたちを含め、会場全体の雰囲気もぱっと明るくなりました。

ただし、なんとマスコミは無視しました。その場には、新聞各紙と共同通信、そしてＮＨＫをはじめマスコミ各社が揃《そろ》っていたのに。

南　私がロシアと天然ガスについて直接交渉をしたのは、価格（を下げさせる）というより調達面（つまり必要な量を確保する交渉）ですが、ロシアは「日本には資源がないのだから」と足下を見て、強いポジションで交渉してきました。

そこで、こちらにオプションというか（天然ガスの代わりになる）代替物があれば、

※１　日本海におけるＭＨ、石油、在来型天然ガスなどの海洋エネルギー資源の開発を促進するため、二〇一二年、日本海沿岸一〇府県が連携して設立した団体（その後、青森県、山口県が加入し、一二府県に）。青山繁晴参院議員が民間人時代に山田全国知事会長（京都府知事）らに提案して実現した

向こうもそれを気にして強い姿勢で臨めなくなるのではと考えたのです。

青山　よく分かります。

南　MHは、もちろん現時点では商業化はされていませんが、将来に可能性はあります。天然ガスは二〇年くらいの中期の契約になるので、彼らの頭のなかには今後二〇年というスパンが入ってきます。

そうなると、いまは生産できなくてもMHを持っている国との交渉ということで姿勢を変えてきます。

ロシア側は、日本がいつからMHの生産を始めるかということを非常に気にしていました。あくまで日露の交渉のなかでの雑談ではありましたが、大きな関心を持っていることがよく分かりました。

ロシアという国は、天然ガスや石油を売って成り立っています。MHが賦存《ふそん》している国は日本だけではありませんし、あちこちで出回りだすと、自分たちの売り物――天然ガスや石油――はどうなるのだろうという心配があったようです。

青山　南さんの良い意味の衝撃的発言の背後には、そういう知られざる日露交渉があったということですね。これはまったく初めての証言です。

その発言をしてくれた南さんに、いまいちばんお聞きしたいのは、表層型ＭＨを生産する技術開発の見通しです。

平成二七年度までの三年間で、ＭＨがどのくらい在るかを調べることになっています（当時）。

では、平成二八年度以降のアイデアコンペ（※2）はどの方向で進みそうですか。

南　私は（アイデアコンペを進める途中で）天然ガス課長から現職（欧州課長）への異動があったので、最後のところは分かりません。

青山　今回、いろいろな分野の人にインタビューしているなかでだんだん様子が分かってきたのですが、予算が政府から独立行政法人石油天然ガス・金属鉱物資源機構（ＪＯＧＭＥＣ、旧石油公団）に降りてきて、そこからいろいろなところに割り振られています。

ＪＯＧＭＥＣには検討会があって、強制力はないものの、そこのアドバイスがお墨付きになって予算が執行されているのですね。つまり、ここが力、実権を持っていると感じましたが、その検討会の委員は誰が選ぶのですか。

※2　ＭＨ開発のやり方をめぐる公募

南　検討会とはエネ庁のメタンハイドレート開発実施検討会のことだと思いますが、その委員の選定・委嘱は国が行っています。私が石油・天然ガス課長に着任したときにはすでに検討会はありましたが、そのときからあまり委員は代わっていないのではないでしょうか。

青山　明治大学の松本良特任教授が表層型ＭＨの調査プロジェクト実施の当事者になったため、検討会委員を辞任したようですが、それ以外はあまり代わっていないようです。

南　砂層型ＭＨと表層型ＭＨでは、専門的に研究している人間が相当違うようです。それもあって、表層型ＭＨの検討会は平成二八年度に新しくできるのだろうと思います（※3）。

砂層型ＭＨは減圧法で採るという方策が決まっているので、当面の課題はその技術をどう高めていくのかということだけです。そのため従来の鉱業に詳しい人が検討会委員になっています。

一方、表層型ＭＨのほうは、政府としてもどのような分布状態なのか、どういう方法で回収できるのか、まだはっきり分からないため、検討会委員の人選も工夫するのではないでしょうか。

青山　インドにおけるＭＨ共同調査を日本が落札したと聞いていますが、それは日本が砂層型ＭＨについてリーディング・カントリー（主導的な国）だからですか。

南　その通りです。

アメリカではシェールガスが出て、一時的にＭＨへの関心を失いました。ところが日本が生産実験に成功したため、「自分たちもいける」という国が出てきました。インドもそのひとつです。インドにもＭＨがあるという調査結果が出ていて、日本で生産できるのなら自分たちもできると考えたのでしょう。

結局、日本もインドもエネルギー輸入国です。インドは国内で石油は出るけれども、かなりの量を輸入しています。やはり、エネルギーは自分たちで賄《まかな》いたいという、国家として当然の欲求があります。

そこでインドがＭＨを開発しようと考えて、世界のどこの業者や組織を使うかとなると、やはり日本で成功した日本海洋掘削株式会社（ＪＤＣ）や国立研究開発法人の海洋研究開発機構（ＪＡＭＳＴＥＣ）による「ジャパン連合」が選ばれたということです。

そういう意味では、やはり一番であるというのは良いことだなと思います。

※3　表層型メタンハイドレート資源量調査結果検討委員会

インドからお金を取れるだけじゃなく、ほかの国も「やるなら日本に頼もう」となるでしょう。

資源開発には非常にお金がかかるので、最初にうまくいけば、いろいろな面でメリットが出てきます。まだ生産手法は確立されていなくても、その点は評価できます。

青山 インドには表層型ＭＨはあるのですか。

南 砂層型ＭＨと聞いています。表層型ＭＨが多いのは日本と韓国です。

青山 「インドは世界に先駆けて日本と契約」というのは良いニュースですが、これも、あまり大きく報道されていませんね。

南 我々もきっちり予算を使っているので情報公開は徹底しているつもりですが、報道に関しては、もっと考慮したいと思います。ＪＤＣが受注したという話は少し報道もされていたと思いますが……。

青山 確かに報道されましたが、もの凄く小さい記事でした。

南 そこは、ぜひ本で書いていただきたい。エネルギーの分野で「日本が」と主語になるのは珍しいことです。

表層型ＭＨもたぶん注目を浴びるでしょう。二〇一六年度中に、三年間の調査結果が出たあとは、今後の生産過程が世界で注目されると思います。

二〇二〇年、東京オリンピックの聖火はＭＨで灯せ

青山　インド以外で、日本のＭＨ技術の先進性に関心がある国はどこですか。

南　韓国、ロシア、そしてアメリカです。

アメリカとは共同研究をやろうということで、いま話を詰めているところです。実はアメリカはシェールガスの開発が進んだことで、一時開発をやめました。ところが日本がＭＨの生産に成功したことから、「一緒にやろう」と言ってきています。

アメリカはＤＯＥ（エネルギー省）が出てきて、日本と共同でアラスカにおいて研究することになりました。

ＤＯＥもあれだけシェールガスが出て、原油価格をはじめ資源の価格が安くなってしまうと、新たにＭＨを開発する意味を説明しにくくなったらしいです。

ただ、エネルギー政策というのは、新しいエネルギーの生産に成功したという実例があると無視はできません。長い目で見ると、一回降りてしまうとなかなか遅れを挽回できないというセオリーがあるので、ＭＨの開発も続けたい、そのためには日本と一緒にやるのが一番ということなのでしょう。

エネ庁の実質的なカウンターパートは米国国立エネルギー技術研究所（ＮＥＴＬ：

National Energy Technology Laboratory）と、そして国内ではＪＯＧＭＥＣです。

青山　インドの件もアメリカの件も日本にとって明るい話題なのに、国民には知らされていません。それなのに、出砂問題（※4）などマイナスのニュースだけが報道されます。

従来型の海底油田でも海底天然ガスでも、出砂の問題はあります。逆に「出砂に関するデータは、すでに油田やガス田のものがあるのでＭＨで応用できる」と研究者は言っているのに、マスコミの報道のせいで「ＭＨは砂詰まりしてダメなのか」と国民は思っています。

税金を使っていますし、最近ＭＨについて興味を持った人も増えているのに、マイナスイメージだけが先行しています。政府から、もう少し丁寧な説明が必要ではないでしょうか。

南　そこは我々も反省しないといけないと思っています。できるだけ情報公開をしているつもりですが、まだまだ国民にお知らせすべき部分は残されています。

例えば、砂層型ＭＨの生産実験が失敗したのは、砂が出たからなのですが、青山千春博士が仰ったように実は鉱業の世界ではよくある問題です。一部だけでなく全体を説明しないと、正しいことが伝わりにくいかもしれません。

青山　マスコミは「ＭＨの開発に予算が一〇〇億円以上」と強調していますが、海底油田は桁がひとつ違うくらい巨額の予算がかかります。
　国民はそれを知らないので、「ＭＨってこんなにお金がかかるのか」と思ってしまいます。その実情を知っていれば、マスコミがやっているような浅薄な批判は少なくなるはずです。

南　実験の意味を分かってくれると、そうなるのですが、反対の見方や立場の人がいるのでそこが難しいのです。

青山　こういう事実を国民に納得してもらうためにも、ＭＨ開発と、在来型の海底油田開発などを国が比較して公表すればいいのではないでしょうか。

南　はい。いずれにせよ、国の予算を使ってやっていることなので、情報公開と丁寧な説明をもっと充実させるように、新体制にも働きかけたいと思います。

青山　例えば、愛知県渥美半島沖でＭＨが採れて、パァーッと燃える写真が世界中に出ましたが、そのあと三年間は静かなままです。なかで調査・解析している研究者に聞くと「良いデータが出てきたので、良いシミュレーションができるようになった」ということです。こういういい話があるのに、国民には知られていません。

※4　砂層型ＭＨを採取する坑井のなかに砂が流入してきた件

研究者は「学会で発表した」と言いますが、多くの国民はそんなことは知りません。だから、学会で話されている内容を分かりやすく一般に説明するレビュワー（評価者）が必要だと思います。

南　エネルギー問題は国民全体の生活の問題なので、どういう形でより広くアピールできるか、よく考えていかなければなりません。青山千春博士にもぜひご協力をいただきたいところです。

青山　民間人（当時の私は民間企業である独立総合研究所の自然科学部長。現在は国立大学法人東京海洋大准教授）が情報を発信するのもいいですが、やはり政府の側から出てくる情報が国民への説得力を持つと思います。

南　そこはいろんなチャンネルで発信していくということですね。我々（官僚機構）は比較的、保守的な言い方になるので、その点を考慮して研究者の先生方に発信していただきたい。わたしたちはその基となるきちんとしたデータを提供するように心掛けます。

青山　良いデータだけ出して、あとは全部隠すという原子力発電所のようにはなってほしくありません。

ただエネ庁にとって、自前資源の開発は本来任務ではなかったと思います。急にMHが出てきて、政策集団としてのエネ庁はいい意味でも手探り状態だと思いますが。

南　エネルギー政策の目的のひとつとして、安全な国内エネルギーの確保があります。自前資源は本当に大切で、ＭＨだけではなく、山口、島根で国内のガス田を国のお金で試掘し始めています。

もちろん、海外で権益を獲得するのも重要です。青山千春博士が本来任務と仰ったのは、それですね。国内エネルギーの開発はそれとは違った意味があるので、バランスよく進めていきたいと思っています。そこは、いまのエネ庁のメンバーもよく分かっているでしょう。ＭＨにかなり力が入っているのもそのためです。

私の後任の石油天然ガス課長もロンドンから戻ってきて、まだ時間が経っていなかった段階から、非常に頑張っている。

青山　「国内エネルギーが安全」の意味は、カントリーリスクがないということですね。外国の事情に左右されない供給が可能となるので、有効なのは間違いありません。いま開発を行っている在来型の天然ガスは有望ですか。秋田よりも可能性はあるのですか。

南　もちろん、我々としては見込みがあるということでやっています。

青山　南さんは一応エネ庁を去って、直接の当事者ではなくなったからこそ実感として教えてほしいのですが、ＭＨは近未来――経産省で聞いた話だと二〇二五年くらい――に実用化するとのことでした。

南さんは、ロシアとの天然ガス交渉からも分かるように、いままでの通産官僚、経産官僚と違う積極性を出してくれた、初めての官僚だと思っています。

政府の掲げてきた方針では、二〇一八年にはMHの生産に民間が参入できる環境づくりをして、二〇二五年に実用化、ビジネス化ということですが、いまもその見通しでいいですか。

南　それは砂層型MHについてであって、表層型MHはこの三年間の成果を踏まえて新たな目標をつくると思います。

目標を立てるのは平成二八年度中だろうから、予算が取れれば皆さんから技術やアイデアが出てきて、何年後を目標にするのかが自然に見えてくるのではないでしょうか。どちらにせよ、MHは期待したいエネルギーであることに間違いありません。

青山　一九七〇年、大阪万博で原発の火を灯したように、二〇二〇年の東京オリンピックでは聖火をMHで灯したいものです。MHバス（MHを燃料にして走るバス）などもいいと思いますが。

南　オリンピックみたいな大きなイベントなら、採算を度外視してやれるかもしれないし、十分あり得るでしょう。私もMHに深く関わった人間として、そうなれば非常に嬉《うれ》しいです。

青山　私も同感です。

対論を終えて――

「すでにバーゲニングパワー（交渉力）が」

「まだMH生産技術開発が完成していないのに、とくに日本海側の開発にも政府が本腰で取り組んでいることが分かっただけで、それがロシアとの天然ガス輸入価格交渉に有利に働いた」

こう、経産省の現役幹部である南さんは明言されました。これは、とても大きなバーゲニングパワーです。

そして、もうひとつ、インドが世界に先駆けてMH開発について日本と契約したことも南さんとの対論の重要な部分ですね。

日本が資源に関する話題で、世界のトップを切るのは画期的なことです。これもバーゲニングパワーです。

さらに、インドで良い結果がでれば、ほかの国も「日本に頼もう」ということになります。

メタンハイドレート開発の予算は充分か？

経済産業省の住田さん、南さんとの対論で出てきた、石油天然ガス・金属鉱物資源機構（JOGMEC）は研究者、科学者の集まりでもあります。

大学のそれよりずっと実務的な科学者と言うべきでしょうか。

すなわち、国民の予算を現場で使う側である研究者集団です。

そのJOGMECのなかでも最先端の科学者である山本晃司さんと対論しました。

山本さんは、技術士（資源工学部門）でもあります。

ずばり、砂層型MHに命を捧《ささ》げている科学者です。

まだ若手の研究者ですが、民間での経験も豊富です。きっと世の多くの人は、真面目一方の典型的な科学者だと思うでしょう。その印象も正しいのですが、実はユーモアのセンスもあり、そして国際学会で会うと「青山千春博士の英語って、発音いいねぇ」と何気なく皮肉も言ったりする、面白い人です。

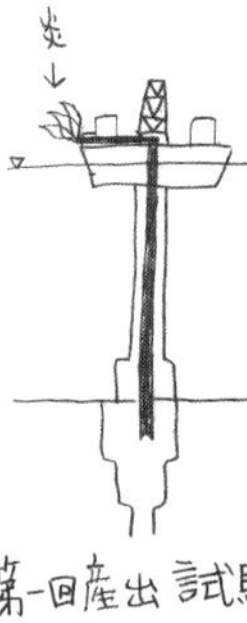

第一回産出試験

予算が一〇倍あれば開発が一〇倍進むわけではない

青山　メタンハイドレート（ＭＨ）開発促進事業に関して、（平成二七年度は）太平洋側の予算は百何十億円、日本海側は四十何億円ついています。しかしながら、その金額は、例えば開発に要するはずの全体費用に比べたらすごく少ないです。これでは足りないのではないかと心配になりますが、現場の科学者たちはＪＯＧＭＥＣで、どういうふうに考えているのでしょうか。

山本　我々はお金をいただくほうなので、もちろん研究費はたくさんあったほうがいいと思っていますが、ほかとのバランスも考えなくていけません。

　とくに、まだ実用化されていないＭＨはリスクが高いです。ちょっと悪い言い方になりますが、もしかしたらムダ金になるかもしれません。それにどれだけ注《つ》ぎ込めるかは、国の政策として優先順位の問題になるでしょう。

青山　とはいえ、年間予算が一桁多ければ、開発がそれだけ早く進むのではないでしょうか。それとも、いまの技術だったらお金がたくさんあっても開発スピードは変わらないのでしょうか。

山本　開発スピードについてはよく言われることですが、予算があっても加速は難しいと思います。なぜなら、物事は順番にしか進まないからです。

　まず資源がある場所を調べて、そこに設備をつくって準備するだけで、たぶん二年や三年はかかります。一〇倍のお金があったら、スピードを一〇倍に速めたり、納期を一〇分の一にできるかといったら、それはできないでしょう。

　我々としてもお金をムダ遣いしているつもりはありませんし、それなりに予算もしっかりもらって仕事をしているつもりです。

海洋産出試験は、ガスを出す技術の試験ではない

山本　（砂層型ＭＨをめぐる）海洋産出試験は、ガスを出す技術の試験だと思われがちですね。

　しかし、少なくとも自分は、試験によって「地下で流体と熱がどう動くか」を知ることが重要だと思ってやっています。

　海底下で、液体やガス、熱がどう動くかがわかっていないので、その解明が現場試験の大きな目的になります。つまり、海洋産出試験は、資源開発の段階ではなく、それ以前の基礎研究のひとつだと思っています。

青山　政府というか、官僚は、砂層型ＭＨについては最近はむしろ、資源化を急いでいるイメージがありますが。

山本　日本はいま現実的にガスが足りませんから、それは理解できます。しかしそうはいっても、「地下や海底下のことはわからない」というところからスタートしなければいけないでしょう。

青山　よく分かります。かつてはＭＨを実質的に無視、軽視していて、資源化しようかとなったら、急に「基礎はもういい」という態度ですから、新しい、非在来型の資源を実用化するということの根幹が分かっていない気がします。

「基礎研究にお金をかけないと開発自体がムダになる」というアピールが科学者には必要ですね。

山本　確かにそう思います。私もいろいろなところで講演しますが、すぐに「ところで、いつ資源化されるのか？」という質問がきます。

青山　ＭＨが炎となって燃えている写真や動画を見たら、「あーもういますぐ、資源化されるのか」と国民は思ってしまいます。そう思う国民が悪いのではなく、詳しい説明がないのがいけないのではないでしょうか。

また、マスコミは実験結果の真意を理解しないままで、すぐネガティブなことを報道するので、正しい情報が国民に伝わらないと心配しています。

山本　研究している我々はそれに動じないで、自分たちがやらなければいけないことをしっかりやらなければならないと思います。

平成二九年の（ＭＨ）第二回海洋産出試験で、またメタンガスは出るだろうと思っていますが、それはデモンストレーションというつもりではなく、産出したメタンガスがどういう性質であるかを調べるためにやるのだということを理解していただきたいです。

二〇一三年の現場試験で管に砂が詰まったが、その後どうなったのか？

青山　二〇一三年三月、渥美半島・志摩半島沖での砂層型ＭＨをめぐる現場試掘で管に砂が出てきて詰まりましたが、そのデータを基に管を改良し、生産方法も見直していることと思います。

砂層型ＭＨも場所により粒度《りゅうど》（荒さやきめの細かさ）が違いますが、全部に対応した生産方法をつくっているのですか、それとも場所によって穴の大きさを変えるなどの対応をしていくのですか。

山本　いまは良い方法を探している状態ですが、最終的には場所ごとに全部変える必要があると思っています。

なぜなら、必要なのは砂が出ることに対する策だけでないからです。場所によっては圧力や温度の条件も違い、その対策も必要なのです。砂が出ることについては、石油開発でも数十年も問題になっていますが、そこでも掘削場所によってポンプや装置はすべてカスタマイズ――状況に合わせて特別に作成――しています。

ＭＨのある地層は柔らかいので、比較的早い段階で砂が出ます。

それに対して石油は遅いという違いはありますが、対策技術はすでに色々あります。ただし、良い技術ほど費用が高いので、どれを選べばよいかを試しています。

この前（二〇一三年三月の渥美半島・志摩半島沖の試験で）使ったのは石油用の装置でした。それもたくさん砂が出る場所用の装置だったのですが、それでも不十分でした。

平成二九年にはさらなる改良を加えて試験に臨みます。

青山　場所は、前とほぼ同じ海域ですか。

山本　そうです。あまり色々な場所でやって、また違う現象が起きてしまうと困るので、なるべく同じ場所で集中したいと考えています。

ただ、まだ決定はしていません（※1）。

※1　話題に出た第二回海洋産出試験の実施場所は、二〇一七年四月に資源エネルギー庁からプレスリリースが出ました。第一回の試験と同じ海域（第二渥美海丘）でした。

対論を終えて――

試掘でとれた貴重なエラー情報

二〇一三年のＭＨ海洋産出試験は、出砂が原因となって予定より短い期間で試験が終わりました。

読者・国民の皆さんに理解してもらいたいのは、試験が失敗ではなかったということです。

出砂現象はまったく珍しい現象ではありません。

油田やガス田でも起きている現象であり、だから既に対処法があります。

また二〇一三年の試験で「失敗データ」が沢山とれたので、それを使って失敗の原因を探り、改良に繋げることができるのです。二〇一七年春から初夏に行う二回目の海洋産出試験が、その試みのひとつです。

ＪＯＧＭＥＣからもうひとり、石油開発技術本部の藤井哲哉さんに聞きました。藤井さんも山本さんと同じく、最前線の技術者であると同時に、科学者です。メガネがきらーりと光る、いかにも優秀な人材ですが、その優秀さを鼻に掛けたりしないで、どんな話題、質問にも丁寧に科学者同士の対論に応じてくださる人です。

きっと、現代の科学研究というのは、天才がひとりでやるものじゃない。特にプロの科学者同士はキャリアとか年齢とか立場を超えて徹底的に議論すれば、前へ進んでいきます。藤井さんはその本質を、よく理解されているのではないでしょうか。

高性能コンピュータに予算を投じれば、それだけ解析は速くなる

青山　藤井さんのご専門は、三次元物理探査です。経産省は日本初の三次元物理探査のできる調査船「資源」をノルウェーから調達して、実際にはＪＯＧＭＥＣが運用しています。この船はノルウェーが運用していた時代に、あまりの高性能に驚いた中国が東シナ海で調査の妨害に出たことでも知られています。

藤井さん、ただ、二次元の探査に比べて三次元の解析は時間がかかりそうですね。

藤井　はじめにお断りしておきますと、私は三次元物理探査の専門ではないのです。しかし分かる範囲でお答えします。二次元に比べると、データ量は膨大ですし、波形データ（※1）の処理をするのにも時間がかかります。

※1　反射波を時系列で表現したデータ

青山　その計算は、予算を多く投じれば速くなるのですか。三次元物理探査の実情について、日本ではほとんど知られていないので、教えてください。

藤井　より性能のいいコンピュータとマンパワーを使えば速くなります。

青山　ＪＯＧＭＥＣには、海洋研究開発機構（ＪＡＭＳＴＥＣ）にあるようなスーパーコンピュータはあるのですか。

藤井　あそこまですごいマシンはありませんが、ＪＯＧＭＥＣでもスーパーコンピュータで解析を行っています。

青山　すると、探査船「資源」を持てば、それで済む話では、実はありませんね。三次元探査船では、船内で素早く解析ができますか？

日本初の三次元探査船「資源」（JOGMECのHPより）

藤井　取得データの品質確認のためにも、船での素早い解析は必要なので実施しています。一方、三次元物理探査船は、一旦探査航海に出ると一～二か月は港に戻りません。ですので、船上である程度処理を進めておき、その後に陸上のスーパーコンピュータで処理を完了し、より効率的に処理を行っています。

青山　そのスーパーコンピュータがＪＯＧＭＥＣにあれば、解析がもっと速くできるということではないですか？

藤井　いまのところ、現状のコンピュータ・人員で不足はありませんが、将来データ量が多くなって処理能力を上げる必要があるとすれば、けっこうなコストがかかります。

青山　科学するのにも、予算、お金ということですが、せっかくの優秀な調査船「資源」を本当に活かすためにも、何が必要不可欠な予算かということを、わたしたち科学者ももっと発信したいですね。

――砂層型の賦存量が一四年分から一一年分へ修正されたわけは？

青山　砂層型ＭＨの賦存《ふそん》量について、ちょっと不可思議に思っていることがあるので、そこも伺わせてください。

以前は、とりあえず確認できている資源量が一四年分という話だったのが、現在は修正されて一一年分に減っています。

第一に、一四年分と算出した計算方法を一般の人にわかるように説明していただけないでしょうか。

また、その後の修正はどういったデータが反映されて行われ、一一年という結論に至ったのでしょうか。

藤井　ここで評価の対象となっているのは東部南海トラフです。まず（砂層型）ＭＨの賦存量の推定ですが、基本的には、地震探査データ（※２）を使って、ＭＨが入っていそうな地層を押さえることをやりました。

とくに調査で新しくやったことは、ハイドレートが比較的、濃集しているところをうまく抽出する手法の開発です。

青山　それは、とてもたいせつな手法ですね。それは、普通の物理探査で海底の様子を調べることと同じですか。

藤井　基本的にはそうです。いままではＢＳＲ（※３）を見ることがメインでした。しかしそれでは、ハイドレートが濃集している地層が上に向かって、どこまで続いているのかが、よくわかりませんでした。ところが、地震探査データを解析することによって、どこまで続くのかが、ある程度わかるようになってきました。これがひとつ新しくやったことです。

青山　なるほど。つまり、ＭＨが沢山《たくさん》あるか少ないかがまず、分かるということですね。それは昔の物理探査の方法とどう違うのですか。

藤井　昔の方法でもある程度は分かったのでしょうが、ハイドレートがあると音波が強く返ってくることが分かってきました。これを利用して、濃集帯がわかるようになりました。それが重要なポイントです。

従来の物理探査は、単純にＢＳＲを見るだけでしたね。それなら、大雑把にＭＨがあるかないか、それが分かるだけです。

そうではなくて地震探査データを使うと、Ｐ波（※４）が伝播《でんぱ》する速度を調べられます。そのＰ波の速度が速い地層を見つけ出して、それと振幅が強いところを対応さ

※２　大きな音をエアガンで海中に打ち出し、地震と同じような波を、海底面より下に伝わらせて、地層の様子を探査する方法、そこから得られたデータ

※３　海底擬似反射面。実際の海底ではないのに音波の反射が強くてコンピュータ画面では海底面と平行して見える反射面。この上にはＭＨが存在することが多い

※４　縦波の地震波

せる、つまり重ねてみると、ハイドレートが濃集している砂層がどこにあるかが高い確率でわかるようになったのです。
青山 その方法で一四年分と計算されたということですか。
藤井 濃集しているところ以外も含めたら一四年分、濃集帯は七年分という試算は当時のものです。
青山 一一年分に変わったのは、さらに詳しく調べた結果ですか。
藤井 違います。基本的に、「我が国の天然ガスの年間消費量が増えたから」というだけの理由です。日本で天然ガスを1年間にいくら消費するかをもとにして、何年分の天然ガスが確保できるだけのＭＨの量がありますか、という話ですから。
青山 ええ〜っ。そうなんですか！
賦存量そのものが増減したわけではなく、天然ガスの年間消費量が増えたから、計算結果が変わったというだけですか。
藤井 その通りです。二〇〇七年当時と消費量が変わりました。ＭＨの賦存量は液化天然ガスの年間消費量をベースに計算していますが、ベースが増えたので、割り算すると変わってしまいます。絶対的な賦存量は最初の評価時から変わっていません。
青山 そういう説明は「ＭＨ21」のウェブサイトにありましたか。

藤井　ウェブサイト上では説明はしていますが、分かりにくかったかもしれません。

青山　だから「どうして減ってしまったのだろう」という印象を受けました。

藤井　量は変わっていません。データを取れているところは限られていて、一六か所・三二本の海底の井戸に基づいて資源量を出しています。海域自体が四〇〇〇平方キロメートルと広いので、密にデータが取れているわけではなく、幅のある数字です。

　悲観的に見るか、楽観的に見るかで幅がありますす。そのなかから確率的な手法で量を計算しています。その平均が一四年分ということです。

青山　いまの話を一般に分かるように言い直せば、四〇〇〇平方キロメートルもある、つまり東京ドームざっと一二七個分の広大な海底に、掘った井戸が三二本しかないので、あとの場所は、その三二本の結果と物理探査データとの関係から類推して、大まかにメタンハイドレートの量を計算しているという意味ですね。

　今後もっと精度の高い観測手法が出てくれれば、また数字は変わる可能性はありますか。

藤井　二次元地震探査データしかないところで、三次元地震探査データを取れば、そういったことはあり得ます。

　実際に使っているのは地震探査と井戸のデータですね。

地震探査は二次元と三次元のものがあり、二次元は線の情報しかないので、線と線の間は三次元探査をやらないとよく分かりません。

青山　いまの話も、一般には理解が難しいでしょうから、言い換えてみますね。二次元の探査だと、海底の様子を深さ（縦）と距離（横）の平面だけで考えています。だけど、深さ（縦）と距離（横）だけじゃなく地層の奥行きまで調べれば、MHがどのように存在しているかを、三次元で、立体的に分かるようになる、ということですね。

藤井　はい。二次元の地震探査データしか取れていないところの評価値は幅があって、不確実性が高いです。三次元の地震探査データを取ることによって不確実性の幅が狭まっていくことでしょう。

三次元のデータを取ったところは、東海沖、第二渥美海丘、熊野灘の三か所です。それ以外は全部、二次元データしかありません。三次元データを取るには時間とお金がかかるので、BSRが発達していて有望そうなところでデータを取ったという経緯があります。本当は全域で取れればいいのですが。

青山　三次元探査は具体的には、どうやるのですか。

藤井　二次元とほとんど同じです。ただ、二次元ならストリーマーケーブルは一本だけですが、三次元は何本も垂らしています。

青山　いまのところも一般には分からないので、ちょっと説明させてください。

　ストリーマーケーブルとは何のことか。長いケーブル、つまりロープの一種に、たとえば一二メートル間隔でセンサー、つまり受信機を付けて、船のうしろに流して航行するということですね。

藤井　そうです。ストリーマーケーブルを何本も垂らして流せば、海のなかで受信機が広がり、線じゃなくて面的な広がりで地震波を測定できるのです。

引き続き、藤井哲哉さんに潮岬《しおのみさき》沖と佐渡沖のプルームの違いについて聞きました。

石油とは違い、天然ガスが長距離を移動するとは考えにくい

青山　私は海中のメタンプルームをターゲットにしていますが、プルームは本州最南端の和歌山県潮岬の沖でも、何本も海中に出ています。

それは渥美半島沖などで、ＭＨが海底下に沢山《たくさん》あって、そこからＭＨがひび割れを

通って上がってきて、水中に出てきていると推測していますが、どう思われますか。
藤井 いや、この海域のメタンプルームのことは良く分かりません。ただ、潮岬沖は、南海トラフの渥美沖からかなり距離があるので、地層もまったく違います。
青山 ずっと下のほうに、天然ガスの厚い層があるかもしれないということですか?
藤井 少なくとも何らかのガスが生成されて、漏れ出しているのでしょう。
青山 海底の岩盤の下に溜《た》まっているガスが、リーク、漏れ出しているということですか?
藤井 そうですね、一方で、違うケースもあり得ます。必ずしも溜まっているかどうかはわかりません。
青山 MHの塊から天然ガスが出ているとは限らないかも、ということですか。
藤井 どうでしょう。なぜかというと、あのあたりは南海トラフの付加帯があり……。
青山 ちょっと待ってくださいね。付加帯とは何かが、一般には分からないでしょうから。
付加帯とは、海溝でプレートが大陸の下に沈み込む際に、プレートの上の堆積物が大陸でこすれて、はぎ取られて、陸に付加、つまりくっついたものの集まりですね。
藤井 そうです。その付加帯では、メタンを含む流体が絞り出されている場所もあります。

青山　プレートが沈み込むとき、メタンガスもぎゅーっと押されて、絞り出されるように出てくるということですね。

藤井　一般的なメタンガスの話で考えてみましょう。
　石油や天然ガスの探鉱でも、海底でメタンガスが出ているところを手掛かりにすることがあります。しかし、一定量のガスをしっかり閉じ込めている岩石が壊れて、そこから一定分だけのメタンガスが漏れているだけなのか、それともメタンガスが溜まり続けてどんどん溢《あふ》れて出てくるのか、区別がつきにくいと昔から言われています。
　しかし、少なくとも天然ガスが出来る条件が整っていることになるでしょう。ガスがどれくらい溜まっているかは、背斜構造、すなわち天井がお椀のように丸くなっている構造があるかどうかを、地震波を使って調べるのが一般的です。

青山　その構造があれば、天然ガスが溜まりやすいですからね。その構造があって、天然ガスが充分に溜まっていそうで、有望なところがあったら、そこをボーリングするということですか。

藤井　そうです。

青山　私が調査したところで、新潟県佐渡島の北東沖で海底からプルームが沢山出ている場所があります。水深が四〇〇メートルくらいの浅いところです。この浅さでは、

ＭＨは出来ないと主張している学者も一部にいらっしゃいます。出来ないというのなら、なぜプルームがあるのか。あえて無理にでも仮説を立てるとして、陸の下のガスが海底に出ている可能性はありますか。

藤井　いや、一般的にはあまりないでしょう。陸地から海に出るというケースは考えにくいです。その地層がどちらに傾いているか、陸に向かって傾いているか、またガスのある地層がどれくらい海に近いか、その位置関係にもよるでしょうが、普通はガスは水平方向にそれほど移動はしないでしょう。

陸地から海底までの距離にもよりますね。

青山　陸地から海底までの距離、その限度はあるのですか。

藤井　というより、ガスは油より浮力が強く働くので、横に行くよりも上に逃げようとします。よほど近いなら、話はすこし別かもしれないが、ということです。

油なら、ガスに比べて水平、つまり横や、あるいは斜め上の遠くに行きやすいのです。ガスで長距離を移動する例は聞いたことがありませんが、石油なら七〇～一〇〇キロメートルくらい移動する例は海外などでよく聞きます。

しかしガスの場合は、存在するところの真上に出やすいはずです。

青山　では、佐渡沖のプルームについても、ガスが遠くから来ているとは考えにくいのでしょうか。

藤井　そうですね。

青山　そうすると、プルームのもとが何なのかをきちんと調べたいですね。水深が浅くても、その海底下でＭＨが出来ている可能性も考えて調査研究しなければならないと思います。

対論を終えて——より精密なメタハイの賦存量の計測に挑戦する地質研究

藤井さんとの対談で、「一四年分」が「一一年分」に減った謎が解けました。三次元物理探査の方法について解説していただきました。天然ガスは長距離を移動しないこと、また水平方向に移動するとは考えにくいことが分かりました。

太平洋側の和歌山県潮岬沖でガスプルームが観察されていますが、この海域の海底下にはＭＨがあるかどうかは確定できないが、少なくとも天然ガスが出来る条件が整っていることが分かりました。森田さんの説明（一二五頁）と共通していました。

メタンハイドレートという希望

東京大学・増田昌敬教授（メタンハイドレート（ＭＨ）、石油工学）に聞きました。

増田先生は、経済産業省の「メタンハイドレート資源開発研究コンソーシアム（「ＭＨ21」）」のプロジェクトリーダーです。

　つまり砂層型ＭＨの日本代表です。

「ＭＨ21」は、政府が国民から預かった予算を使うための仕組みですから、政府と一体となった代表と言ってもいいですね。

　野心のない、穏やかなお人柄の増田先生がリーダーになったいきさつは、本文中でご本人が語られています。

　わたしたちは、同じＭＨでも、政府の支えがまるでなかった表層型ＭＨに取り組んできました。政府・経産省は、経済的に豊かな太平洋側に多く賦存《ふそん》する砂層型ＭＨだけに長く注力し、過疎に苦しむ日本海側に多く賦存する表層型ＭＨは、逆に長く無視

していました。

お金のまったくないわたしたち民間がずっと苦しみつつ諦《あきら》めないでやってきたのが、真実の歴史です。

だからかつては、増田先生のお名前は、いわば遠くに聞く感じでした。

その増田先生と初めてお目にかかったのは、二〇一一年に英国スコットランドの古都エジンバラで開催された「国際ガスハイドレート学会（ICGH）」の最終日のことでした。

広い会場で開かれたレセプションで、何気なく、一〇人くらい座れる大きな円卓に座ると、たまたま隣に増田先生が座られました。

そのとき、青山繁晴も同席していました。今は参議院議員の青山繁晴は当時、日本初の独立系シンクタンクの独立総合研究所（独研）で社長と、社会科学、自然科学両分野にまたがる首席研究員を務めていました。

増田先生は、にこにこしながら「ご夫婦で共通する分野の研究ができるのは楽しいですね。私の妻はまったく異分野の人なので、それができないです」と仰《おっしゃ》ったのが印象的でした。

このとき、増田先生はまだ東大の准教授でした。その後、二〇一四年に教授に昇進されたとき、青山繁晴が祝電を打ちました。ちなみに青山繁晴は、利害関係でこうした祝電を打ったりすることが一切ありません。人柄や志を尊ぶことができると青山繁晴が考える人に、心を込めて打ちます。

増田先生は、この祝電をとても純粋に喜んでくださいました。利害関係で受けとめる気配がまるでありませんでした。わたしたちのいちばん根っこを理解してくださっている気がするほど、気持ちよく嬉《うれ》しそうになさいました。

二〇一六年、私は国立大学法人東京海洋大学の准教授、青山繁晴は参議院議員、そして増田先生は東京大学教授。青山繁晴は、その東大で非常勤講師としてゼミも持ちました。三人とも国家と国民のための公務員として立場が揃っています。

これまでのわたしたちの立場を超えた友情は、こうやって国益に資することのできる新しい段階を迎えているようにも思います。

資源としてのMHの可能性を感じて

青山　きょうは増田先生と対論するのを、本当に愉《たの》しみにしていました。ありがとうございます。

増田　こちらこそ。

青山　まず、先生がMHと出合ったきっかけを教えてくださいますか？

増田　私が博士号を取った一九九〇年代は、重工業が衰退してきている時期で、原油の価格が一バレル一〇ドルくらいに下落していました。

世の中の趨勢《すうせい》としては、「石油は海外から買ってくればいいし、石油の掘削の研究などしなくてもいいのでは」という流れになっていました。

しかも、地球温暖化の問題が出てきて、むしろ石油を使わずに原子力または再生可能エネルギーにシフトするという傾向が強まっていたので、「石油をこのまま研究していてもダメだろうな」と思い、MHの研究を始めたのです。

最初にハイドレートの研究を始めたのは CO_2 の貯留に関してです。CO_2 の貯留とは、気体として大気中に放出された CO_2 を人為的に集めて地中や水中に封じ込めることです。そのため気体の CO_2 を固体の CO_2 ハイドレートにする実験と、どうやったら効率的に CO_2 ハイドレートが出来るかの研究を始めたのがきっかけです。

当時、疑問に思っていたのは、CO_2 の回収と貯留（CCS）（※1）もそうですが、

※1　Carbon dioxide Capture and Storage の略であり、二酸化炭素（CO_2）の回収、貯留

研究の多くが対処療法だったことです。

「温暖化を防ぐためには何をすればいいか」という対策に関する研究なので、夢がないなと思っていました。もちろん、役に立つ研究ですが、「自分が携わる研究としてはイマイチだな」と思っていたところで、半年、外国で研究することになりました。その際に、訪問先の先生から「資源としてMHが考えられるのではないか」という話を聞き、これしかないという感じになりました。

そこから始めて、タイミング良く、一九九五年にMHの研究に参加することができました。

当時は、国内石油天然ガス基礎調査の第八次五か年計画が始まるころで、その最終年度の一九九九年度には、基礎試錐「南海トラフ」が計画されていました。

国内石油天然ガス基礎調査というのは、国が地震探査や基礎試錐（※2）などの事業を行うことで、民間会社の石油天然ガスの探鉱や開発を後押しするものです。当時はMHが資源になるかどうかよくわからなかったので、石油会社もMHの掘削に積極的ではありませんでした。

その一方で、東京大学におられた松本良先生や、地質調査所におられた奥田義久さん、石油資源開発株式会社におられた青木豊さんが、MHに関する研究成果をまとめた本を出版されて、ＭＨへの関心が高まっていったこともあり、基礎試錐「南海トラフ」の計画が実現したといえます。

ＭＨの掘削地点としては、在来型の石油・天然ガスだけでなく、ＭＨも含んでいる地層のある、両者の存在が期待される場所が選ばれました。

基礎試錐「南海トラフ」のＭＨ掘削に向けた研究開発として石油公団と民間企業一〇社（石油開発会社、ガス会社や電力会社）が入った共同研究がスタートしたのです。

この共同研究によって、ＭＨの基礎物性や探鉱技術・掘削技術・生産技術など、その後の研究につながる色々な研究開発が始まりました。例えば、掘削技術では、ＭＨを分解させずにコアを取り出すツールも開発されました。コアとは、海底掘削機器を用いて地盤に円柱状の孔《あな》をあけることによって採取する円柱状のサンプルのことです。

私はこの研究に、ＭＨの生産挙動予測を行うシミュレータ（※３）の開発で参加する

※２　基礎物理探査の結果等を踏まえ、原油やガスが集積している可能性の高い地域を選定し、大型の掘削装置を用いて実際に掘削を行い、地下の地質構造を直接的に把握する調査

※３　現実の現象や物体を模擬的に再現する機能を持ったソフトウェアのこと。対象から特徴的な要素を抽出してモデル化し、コンピュータによる数値計算によって、実物を使わずに様々な条件下での実験を行うことができる

ことになりました。それらが本格的に始まったのが一九九五年です。

青山　先ほど、タイミング良くＭＨの研究に参加できたと増田先生が仰ったのは、増田先生が「ＭＨしかない」と考えられた時期と、この一九九五年が重なっているからですね？

増田　その通りです。

青山　この一九九五年スタートの共同研究が、いまの「ＭＨ21」の元になっているのですか？

増田　そうです。ただ、私の取り込んだ研究も最初はあまりうまくいきませんでした。民間会社と共同研究していましたが、コーディング（＝プログラミング）がうまくいかず、シミュレータで良い計算結果が出ずに途方に暮れたほどです。

そこにふたりの優秀な学生が参加してくれて、プログラムを一からつくることになりました。最初は既存のシミュレータを改良するという話でしたが、うまくいかず、一次元でいいから自分たちでつくろうということになって、何とかうまくいったという次第です。

ようやく良い計算結果が出たのは、五年も後の二〇〇〇年のことです。

その時、MHの開発研究が本格的に始まった

青山　「ＭＨ21」は第八次の国内石油天然ガス基礎調査から繋《つな》がっているのでしょうか。

増田　流れはそういってよいと思います。

例えば、当時エネルギー総合工学研究所のメタンハイドレート調査委員会で初代調査委員長を務めた東大の石井吉徳先生の「非在来型の天然ガスを調査・開発すべきた」というご主張もあったように記憶しています。非在来型天然ガスとは、シェールガスのように通常の油田・ガス田以外から生産されるガスのことで、ＭＨから生産されるガスも含まれます。

この調査委員会には東大の田中彰一先生も入っておられました。先にご紹介した石油公団と民間会社による共同研究なども進み、基礎試錐「南海トラフ」でのＭＨ層の発見を受けて、二〇〇〇年六月に田中先生が委員長を務める経産省の「メタンハイドレート開発検討委員会」が立ち上がり、ＭＨを資源としてどのように開発すべきかの議論が始まりました。

青山　そうだったのですか。

増田　石井先生は、現在は「ＭＨはエネルギー資源とはいえないのでは？」という発言をされておりますが、その主旨は、「エネルギーになるくらい濃集（※４）しているのかをきちんと調査したほうがよい」という助言と受けとめています。この観点では、これまでに東部南海トラフ海域でＭＨの濃集帯を確認できたことは重要な成果のひとつです。また、我が国のＭＨ開発計画はフェーズ１〜３とかなり長い期間をかけていますが、ただ長くやるだけでは意味がありませんので、きちんと方向性を定めてステップアップしていく、ということを心掛けています。

元々、日本周辺には在来型（※５）の油《ゆ》ガス田《でん》があまり確認されていないということから「非在来型の天然ガスも調査して、その可能性を探ろう」というのが皆の共通した意見でした。

一九九九年に行った南海トラフ基礎試錐の前には「ＢＳＲ上にＭＨ層があり、その下にフリーガス層（※６）があるだろう」ということまでは分かっていました。

ＢＳＲ上にはブランキング層といわれる層があり、それがＭＨ層であると考えられていたのですが、本当にＭＨがあるのかもわかりませんでした。下のフリーガス層のほうが天然ガス層として期待できるかもしれない、という考え方もあったくらいです。

基礎試錐で実際に掘ってみたら、フリーガス層のほうは水が多く存在する飽和率の低いガス層で、これでは採算が取れないこと、一方で、MH層のコアでは、MHが砂層などに混ざり合っているのを確認できました。

このMHについて、エネルギー資源としての利用を図るため、国の正式な計画「我が国におけるMH開発計画」が発表されたのが二〇〇一年七月です。

その計画を実行するために、メタンハイドレート資源開発研究コンソーシアム（「MH21」）が二〇〇二年三月に発足しました。初めは田中先生がプロジェクトリーダーを務めていて、二〇〇八年にカナダのマッケンジーデルタ（※7）における第二回の生産試験でガスを減圧法（※8）で生産するところまでは進展しました。

しかしその後、「誰がリーダーを引き継ぐか」という話になり、当時准教授だった私がプロジェクトリーダーになりました。二〇〇九年のことです。

※4　たくさん集まっていること
※5　従来の石油開発技術で生産することができる油ガス田のタイプ
※6　水から遊離したガスが存在する地層
※7　カナダ北西部にある河口。氷原
※8　地層の圧力を下げることでMHを水とメタンガスに分解、坑井から産出するガスを回収する方法

責任の重い仕事ですので、プロジェクトリーダーを務めることに、重圧感や抵抗はありました。にもかかわらず受け入れたのには理由があります。

アメリカのカウンターパートであるDOE（エネルギー省）などでは、研究期間が五年あるとしたら、その間ポストは変わりません。それに対して日本の担当者がどんどん変わってしまいますと、日米で議論していく際に、結局、日本の顔が見えないということになりがちなのです。

日本の顔が人事異動でいなくなる人だとまずいのです。日本の顔としてのリーダーは最初から最後までプロジェクトを見られる人がいいし、海洋産出試験のときに、海洋会社と議論ができるくらいの実務経験と専門知識を持った人がいいのです。

やりがいのあるプロジェクトだと考えていましたし、自分でよければ、貢献したいという気持ちがありました。最終的に私に白羽の矢が立ったわけですが、「フェーズ3が終わるころまで元気でいる学者」ということが一番の理由だったと言えるかもしれません。

第二回の砂層型MH生産試験は、国民が納得できるものに

青山　プロジェクトリーダーになって大変だったことといえば何でしょうか。

増田　いまでも「ＭＨの生産は環境に悪影響が出る」と言う人がいるのは残念です。わたしたちは環境に調和して、かつ経済的にＭＨを開発することを目標にして、そのために必要となる技術をつくることに挑戦しているのですから……。

ＭＨからガスを生産するための「減圧法」という方法では、まず、地層内に存在しているＭＨを分解できる状態になるまで圧力を下げます。ＭＨが分解するときエネルギー（熱）は地層から供給されます。ＭＨの分解に「減圧法」が有効であることは、室内実験やシミュレーション、ガス生産試験での経験から分かってきました。これが分かるまでは、アイデアから始めて現場での試験計画をつくり、実際に試験を行う、さらに結果を分析して次の試験での改良を考える、といった一連のプロセスの繰り返しで、時間とチームワーク力を要する作業がかなり大変でした。

ただ温度が低い地層だと、熱が足りないので減圧法はうまくいきません。減圧法の弱点を補う生産手法として、人工的に地層内に熱を加えてＭＨの分解を促進して、ガス生産量を増やすための検討も行っています。

青山　太平洋側でやっている生産方法は、減圧法に加えて何か工夫が必要ですか。

増田　海ではやっていませんが、陸上で試したことのある方法としては、「CO_2を地層内に入れてＭＨをCO_2ハイドレートに置き換えよう」という方法もあります。

青山　第二回の海洋産出試験ではＭＨに熱を加えるのでしょうか？

増田　加えません。

本来的な話ですが、第一回のガス生産試験では一週間から二週間程度とにかく、メタンガスを生産できることを確かめ、その後の第二回のガス生産試験からは、より長期のプログラムにとりかかる予定でした。

しかしながら、第一回の試験では、メタンガスは生産できたのですが、砂が出てきてしまい、一週間で終わってしまいました。

出砂対策など見直しが必要であることが分かり、その検討と対策を十分に行って、技術的なリスクを減らして、次の試験に進むことになりました。それによって、少しゴールまでの到達スピードが遅くなった面はありますが、逆に技術的に信頼性の高いツールを使うことができます。

青山　具体的にはどういうツールですか？　ＭＨの採れる量が多くなるのでしょうか？

増田　ＭＨの採れる量には直接関係はしないのですが、砂が井戸の中に入るのを防ぐために、形状記憶ポリマー（※９）で出来たツールを使います。見かけは軽石のようなものです。

第一回の試験のときは、パイプ（管）をＭＨが含まれる未固結の層との間にグラベル（※10）を入れて、ＭＨが分解したあとの地層からの砂の流入を防ごうとしました。

それに対してこのツールは最近出てきた技術で、ポリマーが流体を通すくらいの多孔体になっていて、これに薬剤を入れると、膨らんで壁面にくっつき、そのポリマーが未固結の地層との間で砂の流入を防いでくれます。これは在来型天然ガスの開発でも使われている実績があります。

ただし、ＭＨ層のような低温のところでは使われたことがないそうなので、目下改良をしているところです。

青山　このツールの導入は次の第二回のガス生産試験でなく、その次の第三回試験になるのでしょうか？

増田　いいえ、第二回試験のテストの際に導入します。また、第一回試験では、ガスと水の分離があまりうまくいかなかったので改良を行い、そのツールが入るよう、第二回は井戸をもう少し大きくしたりします。一か月くらい天然ガスを出したい。そうすれば国民は納得してくれると思っています。

※9　加熱や薬剤注入などによって元の形状に回復するポリマー。ポリマーとは、重合体、多量体をいい、高分子、高分子化合物ということもある。分子量の大きい物質

※10　地層の砂より粗い砂利

「MH21」の仕上げ

青山　政府の予定では、「MH21」は終わるのが確か二〇一八年だったと思います。

増田　そうです、二〇一八年度です。

青山　もう間近です。

増田　二〇一六年度から始まったフェーズ3が終わる二〇一八年度までが、MH開発研究のひとつの区切りになります。

海洋に関しての国の計画としては、海洋基本計画がありますが、そのなかに含まれるMHの開発研究のうち、二〇一八年度末までの具体的な計画が立てられています。

当初、海洋における生産試験は、二〇一五年度までのフェーズ2の期間中に二回行われる予定でした。しかしながら、第一回の試験生産中に砂が出てきてしまったために、その原因と改良方法を確認してから次の海洋産出試験に進む方向に海洋基本計画が見直され、それに基づきフェーズ3の計画が立てられました。

あくまで「成功する」という前提でしか言えませんが、一か月のあいだ減圧法でMHから天然ガスを回収し、圧力もコントロールできる状態にして「どれくらい、MHを水とガスに分解したか」をモニタリングできれば、地下の状態をかなり把握できるのではないかと思います。

そうすると、生産レート（※11）もある程度分かってくるので、長期に生産したらどのくらいのエネルギー収支になるかをシミュレートできるのではと期待しています。

そうやって、企業が将来の投資の対象としてMH開発にさらに興味を持ってもらえる段階に到達するのが二〇一八年度かなと思っています。

青山　民間が手を挙げないとどうなるのでしょうか。

増田　民間企業に関心を示してもらえないような結果しか出ていないということであれば、それはまずいです。

青山　国はお金を出さないのでしょうか。

増田　場合によると思います。民間企業が本気でやる気を見せてくれるような結果が出ていれば国も動くのではないでしょうか。いずれにしろ、我々がいつまでも国のお金に頼るという姿勢ではダメではないでしょうか。

それから、輸入している液化天然ガス（ＬＮＧ）に比べると、MHは日本近海で採れるので、輸送のエネルギーがかからないという大きな利点もあります。

※11　ひとつの井戸あたりの日産量

巷《ちまた》では「ＭＨのエネルギー収支は低い」と言う人も多いようです。しかしながら、ＭＨは実際には海底の浅いところに存在するという事実が肝心です。海外で掘って液化させ、それを日本まで運び、再び気化して——というエネルギーロスの多いＬＮＧよりも収支が良くなると考えています。

国産ということは重要です。

青山　そこはまったく同感です。わたしたちの根本的な共通点ですね。わたしたちは表層型ＭＨ、増田先生たちは砂層型ＭＨですが、この根っこが共通しています。

自前資源の開発とは何だろう

青山　ＭＨから採れる天然ガスの単価は、どのくらいになるとみていますか。シェールガスよりも安いのでしょうか。

増田　ＭＨと比較するのであれば、シェールガスそのものの単価というより、シェールガスや在来型天然ガスをＬＮＧとして日本に運んできた場合のガスの単価を考えたほうが良いでしょう。

表層型にも当てはまる話ですが、問題なのは、どれだけお金を出してどれだけガスを出せるか、その比率だけです。

どのような資源でもお金をかけずに採れれば採算が取れます。そういう意味で、砂層型には砂層型に見合った開発・生産システムがあり、表層型には表層型に見合った開発・生産システムがあるのだと思います。

青山　個人的には「ＭＨ21」の予算は少ないように感じていますが、実際のところはどうでしょうか。また、予算が潤沢にあれば早く開発できるのでしょうか。

増田　世のなか、お金があって困ることはないかもしれませんが、予算が沢山《たくさん》あるから開発が早くできるかどうかはわかりません。

次の、第二回の試験が成功しても、あるいは、そのあとにより長い期間の生産試験をするとしても、出てきたメタンガスを全部ただその場で燃やすわけにいかないでしょう。出てきたメタンガスの利用の仕方も含めて、開発から生産システム、そして利用するところまで考えなくてはいけません。ＭＨから生産できるのはメタンガスなので、メタンガスをどうやって安全に、合理的に利用するかという話です。

メタンから触媒を使ってプラスチックをつくる産業を興すのか、メタンから水素をつくって燃料電池利用を促進するのか、あるいはメタンガスを火力発電の燃料として利用するのか——そういうところまでもっていきたいのですが、一年間生産をすると恐らく経費の桁《けた》がひとつ増えてしまいます。

いまはメタンガスの生産試験に年間一〇〇億円程度を使っていますが、一年間生産をするとそれが一〇〇〇億円の規模になってしまいます。研究開発費としては巨額で、誰でも簡単に出せる金額ではないでしょう。

また一方で、せっかくガスを生産するなら、研究のためだけではなく、社会で利用できるようなしくみを考えるべきでしょう。

いまは東部南海トラフを砂層型MH生産に関するモデルフィールドとして研究を実施していますが、生産したメタンガスを社会で有効利用できるようになると経済的です。いまのところは生産試験をしても使い捨てで、もったいないです。

青山　ガスの生産手法を開発すると同時に、国内のパイプラインの整備も同時並行していかないといけないのではありませんか。

実際にガスの生産ができたとしても、パイプラインがないと運べません。そんな困ってしまうことに陥りかねないことを、エネ庁は考えていないのでしょうか。何もかも単発、バラバラで開発していて、物事が繋がることによって実用化に向かうことが、できていないと感じるのですが。

増田　自分はいままでガス生産のための技術開発という研究に集中してきましたので、そこから先のことについては、口を出せるだけの検討はしていません。

いまは原発推進の再稼働が不透明なこともあるし、再生可能な太陽光もあるし、将来、どういうエネルギーを利用して長期的にやっていくかが全然見えません。まずはそこをしっかり固めるべきだと思います。

よくありがちな「お互いの聖域に足を踏み入れない」という姿勢ではなく、色々な分野の産業界が話し合っていくのが重要ではないでしょうか。

青山 例えば、いま、国が中心になって行っている太平洋側の実験がうまくいけば、MH開発については何もかもうまくいくと一般には漠然と思われていますが、実際はもっと実用化に向けた様々な実験が必要だと思います。

そういう意味では「もっと情報をオープンにすればいいのに」と思っています。そもそもエネ庁が予算を一手に握っているのもおかしい。もっと予算があれば生産から利用まで総合的な計画の実施がしっかりできると思うのですが。

増田 海洋関係では、内閣府が主導するSIP（※12）として「次世代海洋資源調査

※12 内閣府が主導する「戦略的イノベーション創造プログラム」のこと。府省の枠や旧来の分野の枠を超えたマネジメントに主導的な役割を果たすことを通じて、科学技術イノベーションを実現するために新たに創設されたプログラム。そのなかに「次世代海洋資源調査技術」の課題が含まれている

技術」に関する研究が実施されています。ただし、このような研究プロジェクトとの連携は強くありません。総合的な計画ということになると、国の場合には、個別の省庁ではなく、それらの連携や総括的な組織が必要になってくるのかもしれませんね。

現時点では、「ガスは六日間しか出なかったじゃないか」と言われると反論できないので、やはり結果を見せていくしかないのです。

青山　予算の桁に「ゼロ」がもう一個増えれば、実験もスムーズに進むのではないでしょうか。

増田　まだＭＨは研究開発段階ですので、色々と言えるタイミングではなく、次の海洋産出試験で良い結果を出せれば、さらにその先の展開が考えられるのではないかと思っています。

青山　それは、いわゆる行政の〝縦割り〟で難しくありませんか。

増田　良い実験結果が出れば、予算はついてくるのではないでしょうか。

世のなかには、「いま日本は観光による収益増加に力を注いでいるが、観光がダメになったら元々資源はないし、何もなくなる。だからこそ将来を見据えて、ＭＨのような自前の資源開発を目指すべきだ。」と言ってくれている人もいます。ＭＨを日本経済を復活させる切り札だと考えてくれる人もいます。

ただ先にも申し上げましたが、ＭＨの商業的開発までには巨額の研究資金を要しますので、単純ではありません。とにかく着実にガス生産の試験結果を出していくことが重要です。

研究開発はビジネスになるか

増田　「ジオテク」というイギリスの会社があります。この会社はＭＨに関する技術で商売ができています。研究所がロンドン北西部にあります。

ＭＨを含むコア（※13）を圧力と温度を保持した状態で海上に持ってくる技術は、日本が先行しています。

あるワークショップに参加した際、ジオテクの社長に「日本はすごい、圧力と温度を維持した状態でコアの回収率も上がっている。アメリカはコアが採れないが日本は採れている。いったい船上でどうしているのか？」と聞かれ、液体窒素で冷やしていることを話しました。

「ＭＨをコアから出したら分解してしまう。だから海から上げたコアを分解せずにハ

※13　掘削中の坑井において、地下から採取される円柱状の地層のサンプル

ンドリング、つまり圧力容器に移し替えて分析するという装置があったらいいと思うか?」と聞かれて、「それについてはニーズがある」という話をしていたら、彼らが本当につくってしまいました。

あのとき、ここまでニーズがあるとは分からなかったのは、MHの先行研究者としては悔しい気もします。

確かに非破壊でガンマ線などを使ってMHコアの力学試験をやるということであればニーズもあったでしょう。ここでは、将来のビジネスニーズを見据えて研究開発の目標をつくることの重要性を再認識しました。

表層型ハイドレートを採る方法は

青山 表層型ハイドレートを採る方法は実現可能と思われますか。

増田 何とも言えません。採取自体はできるとは思っていますが。

青山 土木的に掘って採るようなイメージですか。

増田 土木的という方法もあるとは思いますが。その場合には、海底面のものを採るとすると、例えばメタンガスをエサにして生きている生物圏を破壊しないことが重要になってきます。

ただ、表層にＭＨがあるということは、下から常にメタンのフラックス（※14）があるのでしょうか。そうであれば「採ったぶんだけ新たに生成してくれればいい」という適度な採り方ができれば、生物圏を破壊しないアイデアのひとつとしていいと思います。下からプルームが湧出しているところなら、そこに装置を被せて海上までガスとして持ってくるようなことも可能かもしれません。

一方で、ＭＨは水よりも密度が軽いです。だから、ふわふわと浮いてきたものをキャッチするような方法で、ＭＨを固体のまま採取することも考えられます。いずれにしても、砂層型のＭＨとは全く違う概念の採取方法になると思います。

青山　表層型にしろ砂層型にしろ、ＭＨを採るのはまだ技術的に難しいと感じることはないですか。

増田　経済的に採算が取れる開発技術をシステムとして確立するのが難しい課題です。「何か技術のブレークスルーがあればできるのでは」と思っています。

砂層型ＭＨについては、第一回目のガス生産試験で、一日あたり約二万立方メートルのガスを生産するところまで技術は進展しました。次の課題は、より長期のガス生

※14　流束（単位時間単位面積あたりに流れる量）のこと。メタンガスの供給

産の実証試験の実施とそのデータに基づく経済的な開発システムの検討です。

一方で、表層型MHについては、まだその採取方法の技術検討をしている段階ですが、ガスの生産量については、次のようなことが言えるかと思います。

例えば、海底下に一メートルの厚さで一〇メートル四方のMHのブロックがあると仮定します。ブロックの体積は一〇〇立方メートルです。MHには一立方メートルあたりメタンが約一六四立方メートル（大気圧状態の体積）含まれていますから、このブロックを一日で採ると、約一万六〇〇〇立方メートルのメタンガスを生産することになります。

もっと小さい規模での採取を考えて、例えば一日あたり約二〇〇〇立方メートル程度のメタンを生産するので良いのであれば、もっと小さいブロックの採取を考えて、じょう乱（※15）させて浮いてきたものを集めるといったことも考えられるかもしれません。

一日どれくらいのガスが採れるかを考えて、それに見合った採取方法を見出す必要があります。

表層型MHについては、その存在形態によってその採り方は変わってくるのではないでしょうか。私も具体的な方法については勉強不足でわかりませんが……。

海底にあるＭＨを少し掻《か》くだけで浮いてくるのかどうかも分かりません。

青山　（ロシアとバイカル湖で表層型メタンハイドレートの調査研究に取り組んできた）清水建設のジェット水流で、ちょっとはがれたようです。

増田　それくらいではがれるものだったのですか。（バイカル湖でも）メタンガスがプルーム状に上がってきているところもあるのではないかと思いますが……。どのような状態だったのでしょうか？

青山　湖底面から水中に出たら、すぐハイドレートになると思います。

増田　それをトラップ（捕捉）できるのであれば、やってみるのも面白いかもしれません。

例えば、トラップしたＭＨを運搬するのに、鉄のパイプではなくてフレキシブルな高圧ホースを利用する方法も考えられます。色々なアイデアがあるでしょうね。

海底からのプルームをうまく利用できないか

青山　最後にガスプルームについて整理して談論したいと思います。

※15　定常状態からの乱れ

日本海側にはプルームがあっちこっちにあり、太平洋上でも和歌山沖にもあることを見つけました。

MHがあるという目印にはなりますが、何年も出っ放しなのは資源としてもったいないだけではなく、海洋環境を考えるとよろしくありません。メタンガスはCO_2の二五倍の温暖化効果があるからです。

プルームをキャプチャーして（捕らえて）、アフリカのルワンダのキブ湖でメタンガスを使って発電していますが、その例を応用して発電することは現実的でしょうか。

増田 湖と違って海の場合は水深が深いので、ガスプルームから出たメタンを採取するために船を用いると、その船を海上で定位置に保持するためのエネルギー（コスト）が必要になります。コスト安で済ませる方法にアイデアがあれば、どこかで実験するのを提案してみてはどうでしょうか？

青山 どこに提案しても落とされます。SIPでもダメでした。

増田 詳細はわかりませんが、SIPでは、開発方法というよりは、センサー開発等を含む次世代海洋資源調査技術を研究対象としているからではないですか？

青山 そうです。それにSIPはMHではなく熱水鉱床の開発を目的にしていました。

増田 熱力学的に考えると、メタンに飽和されていない（いっぱいになっていない）海水とＭＨが接触している場合は、ＭＨは安定的に存在せずに分解してしまうはずです。表層型のＭＨが多く発見されている日本海側の海底近くの海水は、太平洋側の海域とは違って、メタンに飽和されている（いっぱいになっている）のかもしれません。

そのような状態でプルーム状に出てくるメタンガスをいかに効率よく拾うのかが課題ではないでしょうか。

青山　プルームの出ているところでは、大きいコーンを逆さまにして被せて捕集することを考えています。海では無人潜水艇を使って実験しています。太平洋は水深が一七〇〇メートル、しかも黒潮があって下りられないので、日本海側で行っています。

増田　メタンガスを捕集した後、運ぶのはどうするのですか。

青山　それはまだやっていないので、こんなことをぜひ試してみたいと思っています。捕集容器にホースを付ければ、メタンガスはそのまま上がってくるのではないでしょうか。

増田　それがいちばんいいのかもしれませんね。

海中のガスプルームからのメタン捕集方法については、自分も真剣に考えたことはありませんが、陸上の大きな油ガス田のある地域では、油徴とかガス徴といって、ガスや油が割れ目等を通じて地表に自然に浸み出して認められることが多くあります。

例えば、地表にガスが浸み出して産出している地域では、浸み出している箇所にドラム缶を被せてガスを捕集して、それを自家用の燃料として利用しているケースもあります。

青山　圧縮しなくてもそのまま燃料として使えるのですか。

増田　一日に捕集できる量は少ないですが、自家用としては十分に使えます。

海底から出ているメタンのプルームに同じような捕集方法が適用できるかは経済性次第だと思いますが、安価にパイプでガスを持ってくる仕組みをつくれたら、地産地消のエネルギーとしての活用法は考えられるのではないでしょうか。

対論を終えて――「MH21」のリーダー

増田先生との対論で、政府が新しい取組みを始めるときの流れが良く理解出来ました。

そして二〇一七年春から初夏にかけての第二回の砂層型MH産出試験では、新たなツールを使って出砂対策をすることが分かりました。

国産資源は輸送時のエネルギーロスが少ないことが巨大な利点です。より良い結果を積み上げていけば開発の予算が増えていきます。

表層型ＭＨは採る量に見合った（つまり採算の合う）採取方法を開発する必要があること、表層型ＭＨは地産地消が可能なことが分かり、それからジオテク社（英国）に説明したらそれを先に商品化されたという事例により情報公開の限度が難しいことも分かりました。

増田先生との対談のなかで、印象に残ったのは、「日本の顔（経産省の担当者）はプロジェクトの途中で人事異動があれば交代してしまう。しかしアメリカのＤＯＥ（エネルギー省）はプロジェクトの最初から最後まで担当者を変えない」というところです。

これはＭＨ開発に限らず、日本の官僚機構全体に言えることだと思いました。

二〇一七年四月一〇日に、政府は「第二回ＭＨ海洋産出試験に着手しました」と記者発表しました。今回の試験の概念図には、増田先生が仰っていた出砂対策

の形状記憶ポリマーも示されています。

第２回メタンハイドレート海洋産出試験の概念図

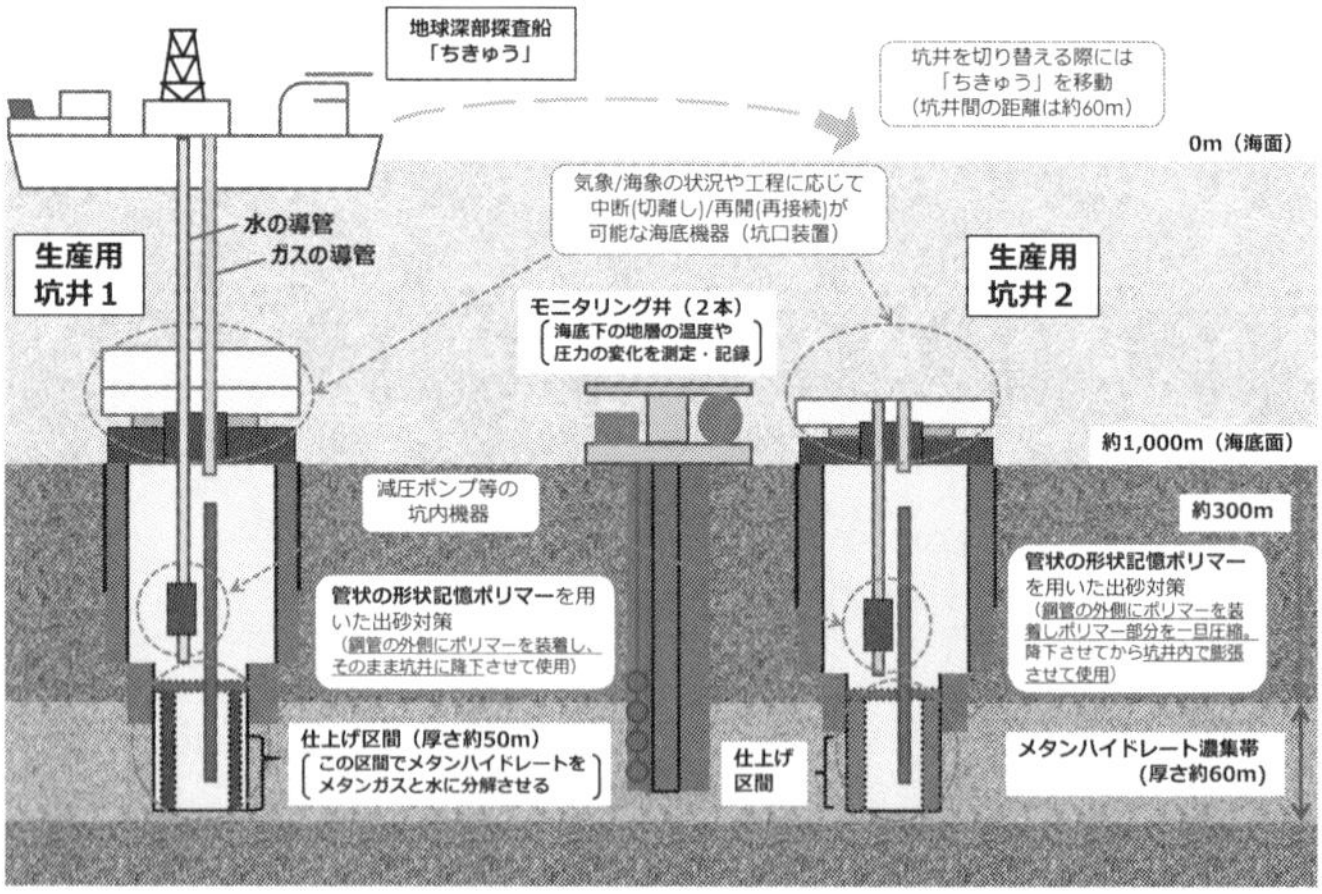

上図は2017年4月10日経済産業省の報道発表より

探査部門に限れば日本には数多くの技術者が育ってきた。課題は生産部門か

国立研究開発法人産業技術総合研究所（産総研）の奥田義久さんに聞きました。

奥田義久さんは、地質調査所にいらした時代に日本の海底地質図の多くを作成されています。その道の第一人者です。私も日本海の表層型メタンハイドレート（ＭＨ）の調査のときに何回か一緒に乗船しました。

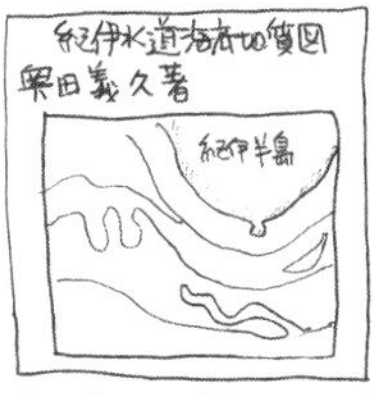

〔海底地質図〕

海底の地質図に名前が沢山《たくさん》残る幸せな人

青山　奥田さんはＭＨ開発の最初の部分に多く関わっていらしたと聞いているので、そこを伺いたいです。専門分野は地質の何でしょうか。

奥田　大学院時代は海洋地質です。修士論文は南海トラフの海底地質についてでした。

青山　ボーリングしたコア（※1）を解析したのですか？

奥田　主に、船でピストンコアやドレッジ（採泥器）、音波探査を実施し、それから海底地質構造を調べていました。修士課程が終わって、地質調査所に海洋地質課が出来たときに入所して、海洋の測量や海底地質図を作成するなどの仕事をしていました。地質調査所は、現在は、工業技術院ほかの研究所と一緒になり産総研になっているわけです。

青山　海底の地質図には、よく奥田さんの名前が入っていますが、ほとんど船に乗って、調査していたのですか。

奥田　多いときは年間二〇〇日以上海に出ていました。日本全体の海の地質図をつくることにずっと関わっていましたからね。一九七三年くらいから一九九五年くらいまで様々なところに行ったので、いろんなところに私の名前が残っているのだと思います。

船には海洋地質課に入ったときからずっと乗っていました。白嶺丸（金属鉱業事業団〔現・石油天然ガス・金属鉱物資源機構［ＪＯＧＭＥＣ］〕の物理探査船）ができる前で、東海大学の船や、白鳳丸（東京大学海洋研究所の海洋調査船）や気象庁の船とか。わかしお（民間の海洋調査船）などにも乗って地質調査をしました。

青山　白嶺丸を建造している最中は別の船で調査したわけですか。
奥田　そうです。それから海底のマンガン調査もしました。
青山　それは、政府のマンガン調査プロジェクトに関わっていたということですか。
奥田　そうです。多くは音波探査を分担しました。
青山　音波探査でマンガン団塊（※2）の様子がわかるのですか?
奥田　堆積物があるところはサンプルを採って、それで状態を見ていました。サブボトムプロファイラも使って、サンプル採取ポイントを決めたという感じです。
　それから、マンガン団塊のなかに銅、ニッケル、コバルトがどれだけ含有されていたかなど、X線による分析も昔はやっていました。後にその分野の専門家が入ってきたので私は担当を外れました。
青山　マンガン調査では、当時、資源化までは行き着かなかったと聞いています。理由は何だったのでしょう。
奥田　当時、海底鉱物資源調査に関しては鉱区を取らなければいけませんでした。政

※1　筒のなかに入ってきた海底堆積物
※2　鉱物のマンガンの塊

府による調査と国連の海洋関係による調査と、あと民間による調査とがありました。調査に貢献していれば鉱区が取れるという前提で、政府による地質調査は地質調査所が行い、民間の調査は金属鉱業事業団が組織化して実務を担っていました。しかし民間のほうが、補助金が出ますから資金が潤沢でしたね。

青山　つまり政府に予算が足りなかったから、調査は、鉱区を取る取らないの段階で終わってしまい、実用化にまで至らなかったということでしょうか。その政府による調査は、鉱区を取るアピールとしては効果がありましたか。

奥田　その時の流れとして鉱区を取るために調査結果を上げていただけです。その後、私はそれ以外のいろいろな調査に行っていたため、その効果については分かりません。その後のマンガン調査も時々助っ人として参加したりして、けっこう長くやっていましたが……。

（地質調査所の）海洋地質課に入ったのが四五年前で、入った年からマンガン調査はやっていました。

青山　マンガン調査をやった後は資源調査の何をなさったのですか。

奥田　地震探査（※3）の分析をやっているスタッフがあまりいなかったので、地震探査の分析をやっていました。音波探査もアメリカしかやっていなかったので、そのあたりのバックグラウンドになる地質探査も行いましたね。
その結果、酸化マンガン鉱石については銅やニッケルを多く含むタイプはプレートテクトニクスでいうフラクチャーゾーン（断裂帯）にあること、そしてコバルトを多く含むタイプはどっちかというと水深が浅い海山に近いところにあることなどがわかりました。

一九七四〜一九七五年の地質調査でMHを発見

青山　海洋地質課に在籍された時代の後半になると、MHに関わったのですか。
東京大学の先生からお借りした資料によれば、「MH21」が始まる前に、「非在来型の天然ガスに関する調査」というプロジェクトがあり、その調査が国がMHに関わりだしたきっかけとして書かれています。一九九二年のことです。この委員として奥田さんのお名前も入っていますね。

奥田　そのプロジェクトがスタートした当時は現在活躍中の佐藤幹夫君、天満則夫君も新人メンバーでカバン持ちみたいなもので、議事録を作ったりしていました。当時

※3　人工でつくった地震波を使った海底地層の探査

はそのメンバーに名前が載っている人くらいしか日本にMHの研究者はいなかったのです。

青山　以前、奥田さんに「MH21」との関わりを聞いたときには、『MH21』は税金泥棒みたいなものだから、私は参加しない」と仰《おっしゃ》っていたように記憶していますが。

奥田　いや、そこまでは言ったことはないと思いますが（笑）。「MH21」をつくった当初の計画は良かったのでしょうが、参加者数が一気に増えてコントロールがきかなくなり、効率的な調査ができていませんでした。そういう意味では、きつい表現をしたのかもしれません。いずれにせよ、私どもの努力で民間企業が関わるようになったのは事実です。

それよりはるか前の一九七四年、一九七五年にMHに関係する物理探査を行いましたが、当時は「BSR」という言葉もありませんでした。BSRと言われだしたのは一九七七〜一九七八年あたりで、当時日本では「フラットスポット」と言っていました。

ガスを伴うハイドレート（すなわち水和物の下にガスがある状態）の南海トラフ地域にフラットスポットがあるということで、一九七九年の五か年計画に関する報告書には「水深が深いからすぐには無理だが、経済性を考えても将来の鍵になる」と私が書いています。そのへんの動きが私とＭＨとの最初の絡みです。

一九八〇年代前半に、当時東京大学の松本良君（奥田さんと高校時代からの同窓生）が国際掘削計画のなかで、フロリダ沖のブレークアウターリッジ（海域の呼び名）の調査に参加しました。その前に渋谷で彼と飲んで、「深海掘削によるとＭＨとはこういうものだ」という話をしたことがあります。ただ、そのときは地震探査（どのくらい調べられるだろうか）くらいの話でしかありませんでした。

青山　ＭＨが南海トラフにあると分かったのはボーリングと地震探査によるものですか。

奥田　ボーリングというよりピストンコアです。一九七四〜一九七五年の航海ですでに知っていました。

青山　ピストンコア探査をやってみて、引き揚げたらコア（筒の中の内容物）にＭＨがあったのですか。

奥田　ありました。写真は撮っていませんが。

最初はＭＨを船上で外に出したりしたので、すぐに溶けてしまいました。ＭＨを採ろうと思って採ったわけではなく、地質調査の結果、採れてしまったので、ハイドレートのサンプルを分析するような器具は準備していなかったのです。

青山　砂層型だから見た目ではＭＨかどうかはわからないはずです。どうやってＭＨだと判断したのですか。

奥田　氷のように見えました。無意識にタバコの火を近づけたら、ぽっと青白い炎がついたのです。コアは長尺ではありませんでした。八メートルくらいなので、採取したＭＨは表層にあったということになるでしょう。

青山　砂層型でも表層にＭＨが存在することがあるとは知りませんでした。

自前で資源を開発しなくてはいけない理由とは

奥田　私は一九七七～一九七九年と、一九八〇～一九八三年の七年くらい、産総研から出向して石油公団、いまの石油天然ガス・金属鉱物資源機構（ＪＯＧＭＥＣ）にいました。

（政府による海洋基本計画の）第六次五か年計画や（その前の）第五次五か年計画の答申の際、どこでボーリングをしたらよいかという議論が前提になるので、日本全体の海洋地質を知っていた私にお声がかかったのです。

青山　いま日本の海にある国産の（在来型）天然ガスを見直そうという流れが資源エネルギー庁にありますが、ＭＨと同時進行で開発する価値があると思いますか。

奥田 海洋の天然ガス資源について何が問題かといいますと、基本的には大量にガスが出ないと経済性が合わないということです。

昭和三〇年代から新潟沖や南海トラフなどで海洋掘削調査をずっとやってきましたから、日本国内に（在来型の）天然ガスがまったく無いわけではないことはわかってはいます。しかしながら、例えば中東から天然ガスが大量に安価で輸入されてくると、国産天然ガスは経済性で太刀打ちできません。

東シナ海に国内ガス資源の七〜八割があることは、一九七〇年代後半から推定されてはいました。

青山 これはとても重要な現場証言です。

奥田 しかし東シナ海は、日本の領海の大陸棚海域であっても、尖閣列島の件が絡むので、中国との関係で調査は手つかずのままでした。尖閣列島なしに深さ二〇〇〇メートルくらいある沖縄トラフを越えてパイプラインを通す（ような大工事）などはとてもできません。人工島をつくってやるにも無理があります。

要は、尖閣の件がある限り、東シナ海に石油や天然ガスがあったとしても日本に持ってこられないのです。商業的に考えると、日本では開発が難しいというのが私の考えです。

東シナ海でも、とくに北側については日韓共同で調査をしていましたが、南側のほうがむしろ有望なのは前から分かっていて、南側の中国大陸に近いほうに、日本の石油資源の六〜七割ぐらいが集中しているということです。

それ以外の海域について言うと、日本がいま使用している石油・天然ガスの二〜三年分ぐらいは日本の経済水域内にあると思われます。

昔、石油資源開発株式会社グループ（ＳＫ）などが、例えば秋田県沖で石油天然ガスを掘りあてていますが、これもやはり量的な問題があります。もし戦争のような非常状態になって石油が高騰したなら、ＭＨも開発できるだろうし、国内の天然ガスも開発できると思いますが、いまはコスト的にまったく勝負になりません。

それでも、とくに日本の場合、どれぐらい資源があるのかを調べておくのは大事なことだと思います。過去にＡＢＣＤ包囲網で石油が禁輸となったため、大東亜戦争になってしまったことがあるのですから。

日本に距離的に近い天然ガスは、いちばん近いところとしてはサハリン（樺太）がありますが、ロシアとの間には北方領土問題があり、東シナ海も中韓との問題を抱えています。あと可能性があるのはアラスカですが、アラスカ産出のものは、アメリカの政策で軍事物質である石油を日本に輸出できないという枠組みがありました。

だから、非常事態のときにどうするかという意味でも、国内に資源がどれくらいあるかということを調べる必要があります。

青山　深く共感します。

奥田　日本が直接開発できる量がどれだけかというと、ＭＨは（現時点での調査では）全部合わせてせいぜい一〇年分くらいです。使用割合の問題ですが、天然ガスがエネルギー使用のメインになると、枯渇までの時期も短くなってしまいます。日本の国内エネルギー資源はコストが高いのですから、最後まで温存しておいてもいいのではないかというのが私の考えです。

国内では人材をトレーニングする場がない

青山　ＭＨの開発でわたしたちはコストの問題と格闘していますが、日本が領海や排他的経済水域内で自前資源であるＭＨの開発をやろうとしているという事実があるだけで、天然ガスや石油の輸入価格の交渉で役立つのではないでしょうか。

奥田　それはそうです。しかし、一番の問題のひとつは、いまは日本国内に海洋油田がほとんどない状況なので、国内で人をトレーニングするフィールドがないということです。探査にしても何にしても、国内でトレーニングを受けなければできるようにはならないでしょう。

海外に行った時は、契約期間という限られた年月で石油を見つけなければなりません。これには石油探査技術に関する相当な習熟が必要です。そのため、日本の石油会社の石油資源開発株式会社（ＪＡＰＥＸ）や国際石油開発帝石株式会社（ＩＮＰＥＸ）（※4）、出光興産株式会社などでは、国内でどう優れた人材を育てるかが大きな問題となっています。

物理探査が始まって、ボーリング技術などは国内でトレーニングの場を設けて技術者を育成しています。その結果、ＪＡＰＥＸがノルウェー沖やアフリカ沖、インドネシア、オーストラリアといったところで成果を挙げてきています。

例えば、東南アジアにおいても、鉱区を選ぶところから始まって、実際に探鉱し、開発するまでの技術というのはシェルと日本の凌ぎ合いのようになっています。

探査をするために与えられた期間は非常に短いです。日本の技術者はいま日本語で教育を受けていますから、国内で種々のトレーニングする場がないと、技術者が育たないのです。

いまＩＮＰＥＸの技術者はかなり多くなりましたが、出光などは人数が限られている状況です。

そういう面では、基礎調査は過去ずっとやってきて、表立ってそれは日本の技術を育てるためだとは言っていません。しかし、技術を育てるためのプロジェクトとしても進めないといけないでしょう。それもある程度公開にして、大学の先生が参加して、いろいろな議論ができるようにしたらいいと思います。

ＭＨに関しては、ずいぶん予算を使いましたが、開発にまだまだ時間がかかります。本来なら、ＭＨ以前に東シナ海での調査をまずやるべきであったと思います。二〇〇〇年前後もＥＥＺをめぐって中国との間で問題が発生しましたが、それでも東シナ海で物理探査をやったのは正解でした。でも、それ以来物理探査をやっていません。

青山　日本の自前の資源開発には中韓が介入してくるので、困難が伴う面もありますね。

奥田　その通りです。しかし、ガスハイドレートを海外から持ってくるのは難しいと思います。

いま海外産のガスハイドレートで資源として利用できる可能性がいちばん高いのはメキシコ湾のものです。ブラジルの海底油田は二〇〇〇メートルという水深の深いと

※4　国際石油開発と帝国石油が経営統合した

ころで開発したために価格が高く、加えていまは油価が下がったために開発がうまくいっていません。アメリカのシェールオイルを叩くためにサウジアラビアが中心になって価格ダンピングをしてきたからです。サウジには三〇〜四〇年分の石油埋蔵量があるので、一、二年くらいならアメリカを叩いてもサウジ自身は大丈夫。一方でアメリカのダメージは大きいというサウジの計算があったわけです。

（青山註　その後、サウジは協調減産に転換しました。しかしいつまで続くか……。このように世界のエネルギー事情は不安定なことこそを見つめねばなりません）

日本の場合、北海道から石垣島までの排他的経済水域の北側の（在来型の）埋蔵資源は石油が主体で、それに天然ガスが伴っている状態です。そのため、「熱分解起源」の資源に（官民の関心が）傾いている感があります。

一方で、太平洋側は勾配が非常に緩やかです。だから（生物の遺骸が落ちて集まるということが本来は起こりにくいので）、「生物発酵起源」の資源であるならば、どうやって生物が群集するのか（というメカニズムの解明と）、そしてその群集する場所をどうやって探すのかが、いまいちばん大きな問題となっています。

一方、太平洋側で熱分解起源（の資源）を探すのはなかなか難しいです。熱分解起源を探すには、（熱分解が起きるだけの）ある程度の深さがないといけないので、やはり太平洋側の浅いところより、水深も深いところを探査しなければならないと私は思っています。

青山　政府が調査してきた渥美半島沖はあまり水深が深くありませんが、どうでしょうか。

奥田　渥美半島沖から順に奥の深いところに行くのだと思います。以前は水深二〇〇メートルまでが「一般」で、一九八〇年代は二五〇メートル、三〇〇メートルで「大水深」と言っていました（笑）。それに比べれば、ブラジル（の資源開発）は一九九〇年代で水深二〇〇〇メートルに到達していました。

日本周辺の掘削探査では三陸沖がいちばん深いと思いますが、本格的な石油天然ガスが埋蔵されているところの水深が一〇〇〇メートル級だといわれています。探査だけであればもっと深くやっていますが生産の実績がないので、資源の開発生産についてはかなり遅れています。

ノルウェー沖では、開発業者が海外からオペレーター（海底掘削の技術者）を連れてきます。いまのところ、日本でそこまでできるのはＩＮＰＥＸくらいです。彼らはオーストラリアでなんとか自分たちで開発しています。

一方で、JAPEXは海外とジョイントして開発しています。いま、自分たちで発見しても、例えばオランダのシェルとシェアするなど、ジョイントベンチャーのような形で数多くやっています。昔は資源を見つけたら、見つけたところが開発していたのですが、政情のリスクがあることなどから、いまは東南アジアの三か国で共同開発をしているケースもあります。

東南アジアではシェルが五〇％以上の石油開発に関わっていることから、（シェルをはじめとする）オランダ系が東南アジアの資源を押さえているというような状況です。

青山　つまり、在来型の石油・天然ガスでは日本で技術者が育たなかった、したがって在来型を開発しようとしても日本は東南アジアと同じく海外の実質支配を受けやすいということですね。MHではどうでしょうか。

奥田　MHの探査部門に限れば、日本には非常に多くの技術者が育ってきているのではないでしょうか。

問題は開発生産部門の技術者です。探査部門より開発生産部門の大水深技術が日本にはまだ足りません。

青山　そこは外国頼みになってしまうのでしょうか。

奥田　経験がないので、鉱床のタイプによってどう対応するかという技術のメニューが日本にはあまりありません。

例えば、深海掘削でいうと、日本海洋掘削株式会社（ＪＤＣ）の市川さんらが掘削船のオペレーターになって現場で活動しているので、大水深の技術もかなり増進しましたが、まだまだ足りません。やはり海外のオペレーターに比べると未熟です。

戦争で負けた後の開発ブランクが響いているのです。

昭和二〇年代から昭和三〇年代にかけて、日本は浅いところの資源探査しかしていませんでした。当時から海外では深いところの探査をやっていましたから、約二〇年の遅れがあるわけです。

大深度にある花崗岩貯留岩や火山岩貯留岩などを探査対象にした場合、陸についてはは大深度であっても海外にかなり伍していける力を、日本はつけてきたかもしれません。ただ、海に関してはまだ通用できない部分があります。

そもそも日本自身が大水深石油開発用のリグ（※5）を持っていないのですから。

青山　海底油田のためのリグですか。

奥田　そのなかの大水深大深度開発用のリグです。浅いところ用のリグならあります。

※5　石油、天然ガスを探したり、採取するために地球に穴を開ける装置

コストが決めるMHの未来

青山　海底油田の掘削技術では、やはりアメリカやノルウェー、イギリスの技術が高いのですか。

奥田　ノルウェー、シェル系列、それからエクソンのもっている技術は高いです。一九八〇～一九八五年ごろ、エクソンの動かせる予算は日本の国家予算より多かったほどです。エクソンはずっとワールドワイドで資源探査をやっているわけですから、技術者が人数的にも多かった。だから、日本が世界で戦うのは非常に難しいと思います。

さらにいま日本が辛いのは、中国を相手にすると人口ではとてもかなわないということです。国際会議に出ても、中国は人海戦術で来ます。

青山　その通りです。研究もすごい人数で進めていきます。

奥田　それに日本が伍していくには、しっかりした技術が必要です。中国から日本に留学することはあっても、逆はありません。こちらに中国側の情報はなくても、日本の情報は筒抜けです。

青山　それは大変なことです。

奥田　中国が何をやっているかについては、企業が取ってくる情報だけでは足りません。（外務省の）現地駐在員が少ないということもあり、とかく国際問題は難しいです。

青山　平成二八年度まで経済産業省の予算で表層型のＭＨの賦存《ふそん》量を三年間、調査しているとき、イギリスのジオテック（※６）の技術者などが入っていたそうですね。石油だけではなく、とにかく海洋資源についての技術者が日本にはとても少ないのでしょうか。

奥田　アメリカやカナダ、ノルウェーなどは、冷たい海洋、しかも高圧における調査という経験は日本よりはるかに多くあります。日本で（海洋資源探査を新たに）プランニングしても経験的には、完全に向こうが上手です。

したがって、ＭＨをアラスカで掘ったり、カナダのマッケンジーデルタ（※７）で採ったりすることは、向こうの技術を導入するという意味では有効です。日本が出資して、向こうの人に協力を得るというのは良いことだったと思います。

東大の増田昌敬先生あたりが頑張っているのだと思います。

※６　海洋資源探査の企業
※７　凍っていることが多い川の河口

青山　技術者が足りないという問題は日本も経験を蓄積しつつ解決していくとして、さて、奥田さんとしては、ＭＨは要は資源として使えると思っていますか。

奥田　コストに見合うかどうかが問題です。油価が定常的に一二〇ドルなら、ＭＨは使えます。いまのように、一二〇ドルだったり三〇ドル、四〇ドルだったりと変動が激しいと簡単ではない。アメリカのシェールオイル、シェールガスも厳しい状況になったりする。

アメリカではエクソンなどがＭＨ開発に投資していますが、失敗してもワールドワイドにお金があるからリカバーできるでしょう。しかしながら、そういうお金のない日本の企業の場合、失敗するわけにいきません。

戦争のような非常事態下にあるなら、開発を進めるかもしれませんが、いまの油価では企業が単独で開発するのは非常に難しいでしょう。天然ガスのほうが変動が少ないとはいえ、油価に連動しているのですから。

シェールオイルは水圧破砕法で採取されていますが、実は日本のできない技術ではありません。先の大戦中はそれに近いものをやっていました。北海道の函館近くにある吉岡層という地層や、静岡県の大井川層群から、少量ですが石油を水圧破砕法で採っていたのです。

いまでは小規模でとてもペイしませんが、原理としては昔からシェールオイルの技術は日本にはあったということです。新潟では火山岩貯留層で水圧を抑えて天然ガス生産方法を開発しているわけですから、そのような掘削開発生産能力は日本にあるのです。

しかしながら日本の場合、ＭＨを扱うにしても、例えばマッケンジーデルタなどのズブズブしている未固結の深いところでの開発経験はほとんどありません。ロシアやカナダ、それからノルウェーもそういった層における開発に非常に強いです。ただ、ロシアの技術はなかなか日本に入ってきませんが……。

青山　日本の建設会社の技術者で、ロシアのバイカル湖などでロシアと表層型ＭＨの共同研究をしている人たちがいますが、そこから情報が来ることはないのですか。

奥田　バイカル湖はロシアでも南のほうだから気温が高く参考になりません。ズブズブしているところから天然ガスを採って、ヨーロッパに輸出しているのは西シベリアです。あの技術が基本的にはガスハイドレート開発に有効です。

青山　それは日本のＭＨに応用できるですのか。

奥田　日本の場合、ロケットと同じでずっとアメリカをお手本にしてきました。

宇宙開発の初期にはコンピュータ制御で小さいロケットをつくってきたのがアメリ

カで、ロシアは巨大なパワーを持つ大きなロケットをつくってきました。

だから、同じズブズブな層（未固結の層のこと）であっても、大口径なパイプを使ってボーリングするのがロシアで、アメリカや日本は違います。アメリカはロシアほど大口径ではありませんし、日本の場合、開発地域の近辺に人が住んでいることが多いので大口径はとても使えません。

ロシアと日本はスケールも考え方も全然違うのです。日本の技術者の考え方はアメリカ的なので、すぐにロシアの技術を入れるのはなかなか難しい状況です。

海では、陸上の一〇倍も開発費がかかる

青山　日本海側の表層型ＭＨには三年にわたって大きな予算が付きました。そのすべてが、賦存量調査に注ぎ込まれました。しかし経産省で開かれた報告会では、終始一貫、その賦存量について慎重な発表ぶりでした。報告会を聞いた研究者、それから企業関係者には「これは地質学的な調査が続けられたのであって、ほんとうは物性など工学的な調査を同時にやるべきだったのでは」という意見もありましたね。今後の調査はどのようであるべきとお考えでしょうか。

奥田　現在、私は調査に直接的に携わっていないので、一般論としてしか言えません

が、表層型ＭＨを採るための装置を、ＭＨの賦存する場所周辺につくるのは、基本的に非常に難しいことです。

調べてみればわかりますが、水深七〇〇～八〇〇メートルあたりで過去に掘削リグの転倒が世界各地で起こっているはずです。掘削の段階ですらそうなので、表層型ＭＨは熱平衡が崩れたらかなり危険な状態になるでしょう。だから、リグのような構築物をつくってＭＨを採取するのは非常に難しいと思います。

ズブズブの地層であっても、例えば東京の有明では高層ビルが建っています。それと同じように土台を深くすればいいのですが、土台を深くすればするほど地表の熱がＭＨの賦存する場所に伝わっていくので、温度バランスが乱れてしまいます。温度が乱れた状態で構築物を設置するのは、危険が伴うと直感的に感じています。

青山　だからこそ、物性など工学的調査も必要なのですね。

奥田　固い岩盤から傾斜掘をするしかないのではないでしょうか。ＢＳＲのそばにあるＭＨを狙い、深いところから採っていって、段々上にいくのがいいのではないかと思います。

青山　しかし、表層型は固い岩盤より上にあります。従来のように構築物をつくる方法でやるには難しいということですね。

奥田　そうです。例えば新潟県の佐渡南方ですが、ここ（のＭＨ）は表層型の要素があるといっても、やはり下から開発するのがオーソドックスではないでしょうか。

青山　下というのは、表層型ＭＨのさらに下のメタンガスという意味ですか。

奥田　そうです。何を言いたいのかといいますと、表層型のＭＨ採取は（砂層型ＭＨと同じく）減圧法を採用したほうがいいということです。

青山　ＭＨが上層にあり、メタンガスが下層にあるエリアで減圧法を採用すれば、生産可能になる時期が早くなりますか。

奥田　ＭＨだけを採ろうとすると色々な技術が必要になりますが、地下深くのメタンガスと組み合わせて生産するならできます。

　砂層型は量的には多いかもしれませんが、分布する面積が広く、集中して賦存していないのではないかと思われます。

青山　さほど濃集していないという見解ですね。

奥田　商業的に生産していく際、濃集していればやりやすいです。とくに海底は陸上の一〇倍以上の開発費がかかります。同じ仕様でボーリングをするにも、海はゼロがひとつ多くなります。そのコストを含めて考えれば、海での開発はコストの問題が大きくのしかかってきます。既存の方法に代替する何か画期的な手法が見つかれば別ですが。

（東大教授の）増田さんとは年に二、三回会っていますが、少なくともいまはあまり新しい手法はないようです。

青山　熱起源ＭＨなら量が多くて、プルームもずっと出ていますし、下からメタンガスが常に供給されているということですね。じっくり供給されるのを待てばエンドレスに採れるように思うのですが。

奥田　エンドレスということはありませんね。下に向けた（被せたような）大きいお椀があると考えたほうがいいです。

石油のできる熱分解は、温度と圧力が高いと有機物が熟成し、ＣＨ（※8）の長い鎖が途中で分解するわけです。圧力が下がればガスとして出てきます。つまり圧力差でもって石油として出てきたり、ガスとして出てきたりするのです。

熱分解の場合、分子量の小さいものが天然ガスとして出てきますし、分子量の大きいものは液体、すなわち石油として出てきます。

お椀のなかの量はもともとの有機物の量で決まります。背斜構造があれば採れると

※8　水素と炭素

いうのが一般的な石油の常識です。

青山　ＭＨも、あふれてきたものが上のほうに溜まるのでしょうか。

奥田　メタンで軽いから溜まっているのかもしれませんが、堆積物は固くないので、下から流れが来ると崩れてしまいます。そこにあるメタンガスを採ると空間が出来てしまい、地層が軟らかいとペチャンとつぶれてしまうでしょう。

石油でも天然ガスでも浅いと成り立ちません。五〇〇メートルよりも深くないと安定しないからです。じわじわ出てくる石油や天然ガスを個人で採るのはいいかもしれませんが、大量採取はとてもできないでしょう。

青山　家庭用に個人がちょっと採るようにするには、どうすればよいのでしょうか。コストに見合うものはできないものですか。

奥田　お椀を人工的にかぶせても、狭い面積のＭＨでは（量が少なすぎて採取は）成り立ちません。

青山　陸上では固定式で天然ガスを採取しているのですね。

奥田　実際に千葉県の茂原市に（水溶性の天然ガスを採取する固定式の施設が）あります。

青山　見に行く価値がありそうです。

奥田　基本的な考え方として、ある程度の量を採ることが前提です。ただ、賦存量があるからといっても生産設備が据え付けられなければ開発はできません。どこから開発するかの問題もあります。

天然ガスは深いところのほうが採りやすいです。それで深く圧力の高いところにあるガスを採取すると、地中のバランスが崩れ、圧力差がドンッと来てしまいます。場合によっては地盤の崩落も起こり得ます。それが一番の問題でしょう。

石油の考え方をもう少し説明すると、石油が溜まっている背斜構造部分は水平構造部分よりも圧力が高くなります。そのため、下手に上から石油を採ると危険で、採る前に圧力を抜いてあげないといけません。だから、石油は構造の頂部よりやや下から採っていくのが定石なのです。

砂層型ＭＨでも一緒です。（政府が行った試掘では）上から採るから、この前の渥美沖のＭＨ調査のように、どんどん砂が出てくるわけで、上から採るのは間違いです。

青山　なるほど。しかし安全性ではなく、経済性でこの方法を勧めている人も多いようですが。

奥田　水深の深いところでは、陸の一〇倍以上のコストがかかるわけですから当然でしょう。

どこでも言われていることですが、ＭＨの生産速度は石油や天然ガスという自噴タイプの資源と比べて遅いです。天然ガスの場合、最初に一気に採れます。そのため採算のバランスが取りやすいのです。一方、ＭＨは一気に採れないで、ずっと採算ラインすれすれなので、最初は赤字になります。

ガスは日本海側の方がはるかに多い可能性

奥田　表層型ＭＨでは、大深度の背斜構造にあるメタンガスがポコポコ漏れ出してきています。それがフラックス（流れ）を形成しながら上昇していき、逆さにしたコップに泡が溜まっていくように、海底面に近いところに溜まっていっている可能性があります。

表層型ＭＨは無限に採れるわけではなく、採れる量はその下部の背斜構造にどれだけガスが溜まっているかによります。そこは（在来型の）石油・天然ガスと同様です。ただし、日本海側の表層型ＭＨのガス量は太平洋側よりもはるかに多いかもしれません。

青山　採りにくい、採るのは大変だけれども、肝心のガス量は日本海側の方が多い可能性があるということですね。とても重要な証言です。

奥田　表層型ＭＨの賦存量を調べるのであれば、表層のみならず深部のＭＨの集積速度と、その源の背斜集ガス構造中のガス量がわからなければ意味がないのです。
そして、それは未だ判明していない可能性が高いのです。

青山　とても公平、公正な評価だと考えます。

対論を終えて
MH開発のすべてをご存じ

我が国の海洋地質学研究の草分け的な存在の奥田さんならではの話を聞くことが出来ました。

①国内で人材を育てる場が少ないこと　②戦争に負けた後に開発のブランクがあったこと　③シェールオイルを採る技術は日本で大戦中にすでにやっていたこと——がそれです。

そして奥田さんとの対論で、たくさんの重要な指摘がありました。

①いくつもの未固結の層に、ＭＨを採るためのリグのような構造物をつくるのは、温度のバランスが崩れて直感的に危険だと思っていること　②ロシアの西シベリアの天然ガス回収技術が、ガスハイドレート開発の参考になること　③ただし、ロシアは

巨大でパワフル、アメリカとそれに倣っている日本は小型で高性能、という方向性の違いがあるから、ロシアの技術を日本が参考にするのはなかなか難しいこと――これらの指摘です。

私が奥田さんとの対論であらためて把握したことも多いのです。

①表層型ＭＨも上部のＭＨだけ採るのではなく、その下の天然ガスと組み合わせて減圧法を使って下の方から順に採ればいい　②太平洋側の砂層型ＭＨも、頂部から少し下を掘れば出砂しないこと　③日本海の表層型ＭＨは、太平洋側よりずっと量が多いかもしれない。それを確認するには表層のみならず、深部のＭＨの集積速度と、さらにその源の背斜集ガス構造中のガスの量も知る必要がある――ということです。

いずれも極めて大切なことです。

第二章

科学者の挑戦、生みの苦しみ

砂層型メタンハイドレートの基礎研究は、本当にもう充分？

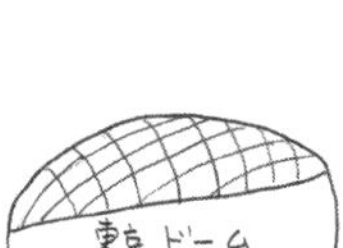

政府はメタンハイドレート（ＭＨ）について、長いあいだ、太平洋側に多い「砂層型」だけを、限られた予算と態勢ながら学者に委託して研究してきました。砂層型ＭＨとは、文字通り、海底のその下の砂の層にあるＭＨです。当然、砂と混じっているので、ＭＨを取りだしても砂と分けねばならないため、その技術をつくらないといけないし、コストも掛かります。

わたしたちは、この取り組みを尊重しつつ、過疎に苦しむ日本海側に、砂に混じっていないタイプの新たなＭＨを発見し、それにも取り組むように政府に提言し続けてきたのです。

この新タイプは、海底に白い塊で露出しているものもあるので、やがて「表層型」と名付けられ、それに伴って太平洋側のＭＨも「砂層型」と呼ばれるようになったのが、本当の経緯です。

いずれのタイプも、わたしたち日本国民のかけがえのない自前資源です。

大切なことは、両タイプの研究が連携すべきを連携し、日本中の海から新しい希望を摑《つか》み出すことではないでしょうか。

そこで私は、北海道大学大学院工学研究院の准教授、内田努博士（工学）と対論しました。

内田先生は、以前は国立研究開発法人産業技術総合研究所（通称、産総研。経済産業省系で、日本のあらゆる産業分野をおおむね網羅する研究を進めています。旧工業技術院に属していた一五もの国の研究所を統合しました）に所属して、ＭＨの生産手法開発グループで基礎物性を担当されていました。

基礎物性とは、水だったら何度で沸騰するとか、ＭＨだったら何度で融けて水とメタンガスに分かれるとか、物理的な性質のことです。対照的なのは化学的な性質ですね。

内田先生に初めてお目にかかったのは、ガスハイドレート研究会です。

ガスハイドレート研究会は、日本エネルギー学会のなかの天然ガス部会・資源分科会の下に設置され、現在は七十余名の会員がいます。

ハイドレートというのは、ガスと水がつくる氷みたいに見える結晶のことです。Ｍ

Hだけではなく、エタンハイドレート、プロパンハイドレートなどいろいろあります。総称すれば、ガスハイドレートですね。

そのガスハイドレートに関する研究発表や情報や意見の交換などを行っている、中心的な研究会のひとつ、科学者の集まりです。

砂層型MHに関する研究をしている科学者が多く所属しているので、研究会やその後の懇親会に参加すると、その分野の研究の最先端を知ることができるし、正直ベースの苦労話なども聴くことができるので、とても勉強になる会です。

そして、私は内田先生から太陽工業株式会社という先進企業を紹介していただきました。太陽工業は、膜をつくる会社で、なんと東京ドームの屋根もこの会社の製品です。たったいま、私は表層型MHを実用化するための生産技術の開発に取り組んでいて、海底から立ち上がるメタンプルーム、すなわちMHの粒々の集まりの先端で、粒々を捕集する膜をつくるために太陽工業と共同研究しています。

ガスハイドレートの専門家である内田先生との連携が、こうやって具体的に役立っています。

内田先生は、一見は真面目でちょっと怖そうですが、本当は優しくて、何でもありのままに言ってくださる科学者です。

科学者に少なくない、人見知りなのかも。

膜でプルームをキャッチ！

内田　青山博士は日本海側表層型ＭＨについて、どんなことを考えているのですか。

青山　上越沖に海底面から粒でＭＨが出てきているところがあります。そこで内田先生にご紹介いただいた太陽工業の作成する膜を上から被せ、上部に穴を開けてホースを付けて、船上まで持っていき、圧縮して燃やすという計画を立てているところです。太陽工業は協力的です。傭船《ようせん》費は高いですが、数日かけて実験できればと思っています。

内田　膜をどうやって固定するのですか。

青山　膜を三角柱にするか円形にして、アンカーで膜を固定するのはどうだろうということを考えています。

内田　上越沖あたりは海底の流れはどうなのですか。

青山　一年を通してほとんど流れがありません。日本海の固有水は冷たい固まりで、じっとしています。魚群探知機でＭＨのプルームを見ると、上部は曲がっていますが下部はまっすぐ立ち上がっています。これも流れがほとんどない証拠です。太陽工業も海底の流れをいちばん気にしていましたが、大丈夫そうです。

ただ、予算がどこからも出ないのでどうしようとは思っていました。

内田　太陽工業のことは、私もずっと頭に引っかかっていました。

青山　紹介していただいて本当に良かったです。太陽工業に面会に行ったところ、MHを回収するために取ったという特許を見せてもらいましたが、積極的でこちらが驚いたくらいです。

膜の表面に色々なものを塗布できるので、ハイドレートが膜にくっつかないようにする表面加工を試してみたいとのことでした。それもすべて手弁当でやるとのことで、こちらとしては非常に助かります。

表層型MHの採取法については、具体的なアイデアがまだ何もほかから出ていないので、太陽工業の膜を利用する方法がいい提案になればと思っています。資源エネルギー庁にもアピールしています。一日、二日でも船を現場で動かせると、次につながる予備実験ができると期待しているところです（※1）。

表層型MHだと、かなりの量のメタンプルームが海底から出ているところがあります。毎日、出放しです。それはもったいないので、なんとかなればと考えています。

研究は継続こそ肝心

青山　いま、ＭＨのことを一般の人に広く理解してもらうための本を書こうと思っています。ただ、私は自分がやっている分野はすべてわかりますが、それ以外のところは、そうはいきません。そこで、実際に異分野で研究している科学者に研究設備を見せてもらいつつ、インタビューし対論をしています。

産総研の天満則夫さんのところにも話を聞きにいく予定です。基礎物性をやっている岐阜大学の佐々木重雄先生のところにも行くつもりです。内田さんは佐々木先生とは親しいですか。

内田　そうですね。佐々木先生は、高圧状況下のラマン分光法（※２）をやっておられます。ハイドレートの力学的な性質を非接触（※３）で測っている人です。ラマン

※１　二〇一六年三月に独研（独立総合研究所）、新潟県庁、新潟大学、九州大学、太陽工業、三菱瓦斯化学で、佐渡東方沖で実験ができました。そして成功を収めました

※２　物質に光を当てて性質、中身を調べる方法。ラマンは人の名前です。四〇歳代前半でノーベル物理学賞を受けたインド人のサー・チャンドラシェーカル・ヴェンカタ・ラマン博士

※３　試料に触れずに調べるタイプ

分光法という方法は研究室において、高圧下でＭＨの特性を調べられる簡便な方法のひとつだと思います。ハイドレートが固いか柔らかいかというのは、佐々木先生のデータなしではわからないでしょう。

青山　以前、佐々木先生にお会いした際、『ＭＨ21』は基礎物性を一生懸命やろうとしていない」と厳しく、仰《おっしゃ》っていました。

内田　（「ＭＨ21」の）フェーズ１では少しやっていましたが、それ以降は、開発する技術のほうにシフトしているようです。

そのため、基礎物性研究分野では、その影響が出ています。「ＭＨ21」をきっかけにＭＨ研究を始めた研究者が多くなったのです。そのためフェーズが変わって、お金がつかなくなった時点で、基礎物性をやっていたほとんどの先生が研究を終えてしまったという感じがあります。

青山　フェーズ１が終わって、本当にまったく予算がつかないのですか。

内田　開発に関係する基礎物性研究はもちろん続けられています。しかし基礎物性研究というのは、そうした分かりやすいものばかりではありませんので、難しい側面があります。

青山　基礎物性研究はずっと繋《つな》げていくもので、そのうえに開発があるものだと思うのですが。

内田　そういう意味では、国内だけではありませんが、ハイドレート研究が一時ブームのようになった揺り戻しが、いま来ているように感じます。

青山　日本の場合、予算の出し方がちぐはぐだと感じますが。

内田　開発を目標にしている以上、予算の重点配分は仕方ないと思います。ですが、私が産総研から大学へ移って感じたことは、人材の育成も大きな課題のひとつだということでした。

大学では予算の大小に大きく左右されずに、研究活動を通じた教育を続ける必要があると思います。もっとも私を含めて難しい課題ではあるのですが。

青山　いずれにせよ人材が育たないと、このあとが心配ですね。

対論を終えて

内田先生を信頼できる理由

内田先生との対論で、私が「国際ガスハイドレート学会で、海底面でラマン分光法を実験している報告があった」という話題を提供しました。

原稿をチェックする段階になって、内田先生から「海底面で実験していたというエビデンスとなる論文を見せてください」とリクエストが来ました。ご自分で論文を読んでみないとご自分の発言に責任が持てないから、という意味です。このことから、内田先生の発言は信頼できると、あらためて確信しました。研究者の鑑《かがみ》です。

私も見習わなくてはと思いました。

本対論では、基礎物性を研究している研究者が少ないことと、それに伴い基礎物性の研究データが少ないことが、懸念事項だとよく分かりました。これは岐阜大学の佐々木先生（一六〇頁）や産総研の天満さん（二〇二頁）も同じ意見でした。

日本海の表層型メタンハイドレートの政府側の調査は、どうなっているのか？

経済産業省系の巨大な研究機関、産業技術総合研究所（産総研）の地質調査総合センターで研究グループ長を務める森田澄人博士（理学）と対論しました。

若手のホープである科学者と言うべき森田さんは、穏やかな青年です。ご自分では照れて、「もう若くないです」と仰《おっしゃ》いますが、少なくとも青年の雰囲気たっぷりです。

この森田さんは、北海道大学出身の「地質屋さん」です。

研究者、科学者は良くこうやって自分の専門のことを「〇〇屋さん」と言って呼び合います。例えば生物の研究者だと「生物屋さん」、物理の研究者だと「物理屋さん」というように。

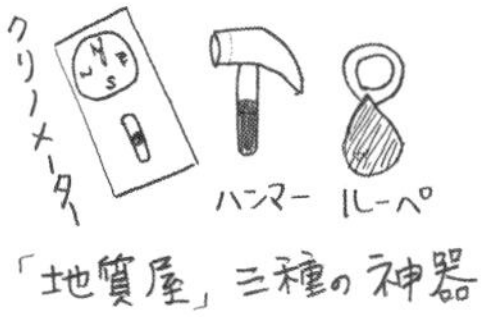

話を戻します。森田さんは大学生の頃は、北海道の陸上フィールドの石炭層がある

ところを歩いて調査していました。大学院では海の研究がやりたかったので、東京大学の海洋研究所（現・大気海洋研究所）に入り、海洋の地質の研究をして博士号を取りました。

森田さんは青山繁晴と同じく神戸生まれなので、物心ついた頃から身近なところに海や船があって海が大好きになり、海に関する研究に進んだそうです。青山繁晴が、神戸港の歌にもなったメリケン波止場で外国船の掲げる色とりどりの国旗を見て育ち、いまの外交・安全保障専門家になったのと共通するところがあります。

森田さんは神戸の港で船を見ていたり、海の表情が時々刻々変わるのを毎日眺めていたり、クイーンエリザベス二世号など欧米の豪華客船が来たら港に写真を撮りに行ったりもしていたそうです。海が本当に大好きなんだなと、森田さんが私に話してくれるエピソードから伝わってきます。

森田さんは平成二五年度から三年間の表層型メタンハイドレート（ＭＨ）資源量調査では中心的役割をされていました。

その調査では、私の見るところでは、学者間の意見の違いもあり苦労もされたようです。最近、青山繁晴と話していて、森田さんの表情がパッと明るくなったのが印象に残っています。

余計なことを言うと森田さんは、「ハ〜イドレート」と前にアクセントを置いて特徴的な言い方をされます。私は、いつもすこし笑いそうになってしまいます。でも、そんなところからも、森田さんが表層型ＭＨを実用化しようと格闘する誠実な感じが、なぜかとても強く伝わってくるのです。

日本海側と太平洋側では根本的に地質が違う

青山　いまは日本海側に多い表層型ＭＨの、いわば政府側研究機関の第一人者である森田さんは、最初は、太平洋側に多い砂層型ＭＨを扱う「ＭＨ21」のメンバーだったのですね。

森田　いえいえ、私は発足当時から現在でも「ＭＨ21」のメンバーです。現在は表層型をメインに携わっていますが、砂層型の活動においても関わってまいりました。

当時はコア試料（※1）の扱いに慣れている工学系の方が「ＭＨ21」には少なかったので、二〇〇四年の掘削調査ではわたしたち産総研のメンバーも参加して、「ＭＨ

※1　例えばパイプなどに取り込んだＭＨ

21」やほかの機関の人たちと協力して、ＭＨコアの採取や測定に関わりました。

青山　「ＭＨ21」のホームページなどに載っているＢＳＲ分布図（※２）では、日本海側について誤解を招くと思います。

　国民はあれを見ると、まるで日本海側にはＭＨがほとんどないかのように思うでしょう。マスコミでもいつもこの分布図が使われます。この分布図で、真っ赤に塗られていちばん強調されているのが、愛知県渥美半島沖の南海トラフです。

　森田さんは、ここの地震探査の調査にも関わったのですか。

森田　基礎物理探査のことですね。私は上がってきたデータを「ＭＨ21」のなかで石油天然ガス　金属鉱物資源機構（ＪＯＧＭＥＣ）の方々と見ていました。基礎物理探査の航海には乗船していません。

青山　ＪＯＧＭＥＣの藤井哲哉さんが「もっと細かく調べれば、もっとわか

【資料協力：メタンハイドレート資源開発研究コンソーシアム】

るのに」と言っていました。

森田　二次元探査のことでしょうか。それはいまだから言えることかもしれません。もっと細かくすると、当然情報の精度は高くなります。当時は全体を把握することも大事でした。その結果から選んだ三つの3D（三次元）エリアだったから、あれはあれで良いやり方をされたのだと思っています。

青山　森田さん個人としては、MHはエネルギー資源として使えるようになると思いますか。使えるとすれば、それが実現するのはいつ頃になりますか。

森田　相当難しいでしょう。技術を集めてMHを掘り出して、使うことはできるでしょう。すでに生産テストは成功しているわけですから。

問題はペイするかどうかです。それについては、投入する技術、場所選び、初期投資、システム維持など、これらにかかってくるでしょう。

資源としてペイするかどうかについて、採掘が可能なメタル系の資源（※3）は価値が変動します。マーケットにも影響されますので、タイミングによって幾分かやりくりが可能かもしれません。一方のMHは実は、もっと分かりやすい資源です。というのも、

※2　MHが日本の海のどこにあるかの地図
※3　金銀銅などの鉱物資源

MHを燃やして得られるエネルギー量は判明しているので、それを採るために注ぎ込まれるエネルギー量と単純に比較すれば、一定の採算性は評価が可能だからです。

ただ、MHは海底に井戸の穴さえ開ければ自噴するというわけではありませんので、技術的な課題が沢山《たくさん》あります。そこを、どううまくやっていくのかということ。それは、簡単ではありません。

青山　先ほどのBSR分布図によると日本海側にも少しはBSRがあります（※4）。これは、日本海側にも砂層型MHがあるということですか。

森田　ないわけではありません。

日本海の場合は海水温が極端に低いため、海底下のMH安定領域が非常に薄いという特徴があります。ですから、海底下の浅い部分の、つまり若い地層が何で構成されているかがカギで、どれだけ砂層が入ってくるかがBSRの大事な要素です。表層型MHが認められるリッジ（尾根）上の若い地層は泥層が中心ですから。

およそ二万年前から海水準が上がり、日本海側では陸から砂が供給されるところは限られるようになりました。それ以外、とくにリッジの上は泥堆積物が静かに溜まるところばかりなので、根本的にMH安定領域での地質が太平洋側と違います。

南海トラフは、付加体（※5）と、さらに付加体がせき止めた、海中のダムみたいなところに、砂が繰り返し入ってきている状態なので、砂と泥の互層（※6）になります。互層は砂層ＭＨの生産に適していると考えられています。

青山　ＢＳＲの上にはＭＨがありますが、逆に下には在来型の天然ガスや石油がある可能性が高いようですが。

森田　もちろんあるところにはあるでしょう。現在、秋田や新潟では陸上でも石油や天然ガスが出ています。そしてその陸地と同じ性質を持った堆積盆と呼んでいる地層が海にも広がっています。

日本海のとくに東縁部には広大で厚い堆積盆が出来て、そこに千何百万年という時間をかけて溜まり、熱を受けた堆積物があります。だから、石油や熱分解起源のガス（※7）は探しようによっては、まだまだある可能性はあるでしょう。問題はそれが取

※4　ＢＳＲは海底疑似反射面。船から海底に向けて音波を出して反射を調べると、一般の地層では説明のできない線が出てくる。これは実は天然のＭＨの最下部を示している
※5　プレートが沈み込むとき，海底の堆積物がはぎ取られて陸側に押しつけられてできる構造
※6　ミルフィーユみたいな状態
※7　天然ガスのなかのメタンには、有機物が熱で分解されて生成されたものと、バクテリアが有機物を分解して生成された生物分解起源のガスがある

り出しやすいところにあるかどうかでしょう。

いちばん期待されるのは秋田、新潟のゾーンです。現在、石油が出ている新潟県岩船沖はそのなかの一部です。

青山　在来型資源の天然ガス、石油と、非在来型のMHを一緒に採れば、効率が上がるのではないですか。

森田　深いところに在来型の石油や天然ガスがあって、その途中に砂層のMHがあれば、同時に採ることができるということですか。

それはとても容易ではありません。両者には自噴するものと、自噴しないものという大きな性質の違いがあります。在来型は流体で、しかも比重が小さいので、井戸さえ掘れば自分で浮いて出てきます。MHは地下に固定されているので、穴を開けたくらいでは出てきません。

青山　岩盤と岩盤のあいだ、いわば密閉されている部分のなかに、在来型の天然ガスが入っているのですか。

森田　岩盤と呼んでいるものが何を指しているか分かりませんが、一般には浸透性の低い地層に行く手を阻まれて、天然ガスがその場に留まっているという考え方をしています。

青山　そこから天然ガスなどが少しずつ漏れて、水と混じってＭＨになるのではないですか。

森田　在来型天然ガスとＭＨの起源が同じ可能性は十分あります。地層の割れ目などのちょっとした裂罅《れっか》はいくらでもあります。その一か所からでも天然ガスが漏れていると、ほとんどが抜け出してしまうので、溜まっているほうが奇跡かもしれません。

青山　そっちのほうが珍しいですか。

森田　日本中の地層を見ても、裂罅のない所はないくらいですから、漏れて当たり前と言ってもいいでしょうね。

太平洋側のプルームの正体は何か

青山　私はご存じのように、日本海で沢山のメタンプルーム（※8）を見つけてきました。しかし太平洋側でも、和歌山県庁から委託されて調査すると、同県潮岬《しおのみさき》の沖でプルームを見つけました。つまりガスが出ているのですね。それは、南海トラフのメタンだと考えていいでしょうか。

※8　ＭＨの粒が自然に海中に噴出しているもの。表層型ＭＨのある位置を示してくれる

森田　その通りです。そもそも南海トラフでバブリング（※９）があったとしても、それは不思議なことではありません。これまでにも観測例が沢山あります。
南海トラフでは実際にＭＨが採れていますし、ＢＳＲは（南海トラフの地層のなかに）一面に広がっているので天然ガスは広い範囲で存在しています。地下でつくられた天然ガスがあちこちで漏れてきて、下からどんどん出ている状態です。
バブルで出ている以外にも、バブルにまでならないメタンを含んだ流体は至るところ、とくに断層沿いで（地層から海中に）出ているのです。そういうところにはシロウリガイなどの化学合成生物群集がいます。
青山　以前見た映像ではシロウリガイがいっぱいいるところがありました。そこは、明瞭な泡ではありませんが、海水が揺らいでモヤモヤしているようなところです。
あれは、砂層型ＭＨが滲《にじ》み出ているのでしょうか。太平洋側のＭＨは、海底下のかなり深くにあるのですが……。
森田　海底からメタンの湧出があったとしても、それがＭＨ起源だという考え方は基本的に誤りです。たとえ地下でＭＨが分解していたとしても、分解で出たメタンは水に溶けていきますので、ふつうバブルにはなることはありません。さっき言ったように、南海トラフでは全体的にガスが湧き出ていますが、これらもＭＨとは直接の関係はありません。

青山　それで漁師さんも「頻繁《ひんぱん》に魚群探知機（魚探）でガスを見ているよ」と仰るのでしょうか。

森田　魚探でキャッチできるというのは、それだけ水との音響インピーダンス（※10）のコントラスト（※11）が大きい、つまり密度差があるということで、たぶんバブルになっているのでしょう。

水に溶けているだけのメタンはたぶんソナー（※12）には映らないと思います。魚探で映るのはバブリングでしょうね。

表層型ＭＨの賦存量を計算する方法は確立していない

青山　なるほど。では、表層型ＭＨの賦存《ふそん》量計算と観測方法についてはどう考えますか。

※9　海底から泡状のものが出てプルームを形成すること
※10　物質のなかの抵抗値。物質の密度ρ×物質の音速ｃによって求める値
※11　メタンと海水それぞれのインピーダンスの比
※12　超音波の送受信機

森田　それについてはまだ確立していません。本来ならある程度は始めていないといけないのですが、まだそこまで至っていません。

ただ、データの取得は続けています。推定には何らかのグロスネット式（※13）に近い計算をやることにはなるのでしょうね。

しかし、いままでずっと追いかけていた砂層型ＭＨとは違って、表層型ＭＨはスポットごとにあるので、単純に掛け算ができません。どう計算するかはまだ思案中です。

青山　ある学者によると、「ガスチムニー構造（※14）の直径×個数」ということですが、私は疑問があります。ガスチムニー構造と言っていますが、本当は超音波が跳ね返ってくるというだけで、中身がガスかどうかは分かりません。

森田　はい。そもそもガスチムニー構造というものの内部では実際に何がどうなっているのかわかっていないのです。そういう単純計算ができるならそれが理想ですが……。

あれは超音波ソナーで見た結果であり、音響学的にはブランキング（※15）なので、とくに単なる影である場合は下に何があるかは分からないのです。経験則的には、音響ブランキングの箇所を探れば、付近に表層型ＭＨがありそうだということはわかってきましたが、そこから下がすべてＭＨかというと、そうでもなさそうです。

だから、そこのところが分からないと、単純に掛け算はできません。

青山　その下はもっと掘らないと分からないのですか。

森田　ＭＨ安定領域（※16）の範囲を掘ることができれば、その部分についてはわかるはずです。

ＭＨについては、安定領域を越える深さまで掘り進んでも仕方がないので、浅いところをきちんと評価できて、それなりの指標として認められるものと判断されるなら掛け算はできるかもしれません。

※13　温室効果ガスの排出量を算定する方法のひとつ。基準年には排出量全体をそのままカウントするが、目標年になると、排出量から樹木が吸収した二酸化炭素の分を差し引く

※14　音響ブランキングゾーン。サブボトムプロファイラー——サブボトムとは海底から一〇〇メートルくらいまでの地層のこと。プロファイラーはその地層〔サブボトム〕の重なり具合を超音波で調べる音響機器——を使って海底下の構造を調査した際、海底面付近に硬い地質構造（ＭＨの結晶など）があると、それにより深部に超音波が伝わらないため、その下がまるでチムニー（煙突）のように空洞に見えること

※15　超音波が表面で跳ね返ってしまい、中身はブランクになっていること

※16　一定の圧力と温度のもとで、ＭＨが安定的に生まれる海中の領域

ただ、(コア・サンプルを)何本かうまい具合に採取できたとしても、全体に反映させられるかは慎重に考えなければなりません。

青山 同じような大きさのガスチムニー構造でも、MHの密度が全然違うということはよくありそうです。つまり、ざっくりとしか分からないということですか。

森田 残念ながら、実際はそうです。

青山 それでは、ガスチムニー構造が集中しているところを掘削することになるのですか。

森田 これまでの例からすると、音響ブランキングのあるところを突けばMHがそれなりにありそうです。資源として考えるなら、濃集の度合いがよいブランキングのスポットを探すことになるのではないでしょうか。

青山 その探し方は?

森田 掘削前の手段としては、電磁探査はかなり有効な印象があります。実際に探査も進めています。

青山 その原理は? 海底面に何か置くのですか。

森田 わたしたちが実施している手法では、海底に機器は置きません。海底から五〇メートルくらいのところを、数珠繋ぎに機器を取り付けたストリーマ・ケーブル(※

17）を曳航《えいこう》して探査する方法です。

ストリーマの先頭にある発信機に一定量の電流を流して電場をつくるのですが、地下での電場は必ずしも一様ではなく、場所によって電気の通りやすさで変化します。ハイドレートのあるところは電気を通しにくいのですが、それ以外のところは比較的通しやすく、水中はさらに通しやすいという特徴があります。

そうした発信機を曳航しながら、さらにストリーマの後部に付けている複数の受信機で電場の変化を読み取っています。そして、各地点のデータを合わせてインバージョン解析（※18）を行って、最適化することでMHなどの電気を通しにくい部分の広がりを探り出しています。探査測線をたくさん設定しているので、鉛直方向（※19）も含めて3Dで電気を通しにくい部分のボリューム（※20）がわかります。

青山　インバージョン解析でやるのは、なぜですか。

※17　発信器と受信機のセット
※18　逆解析。通常は構造物の形状や性質を見て、その特性を計算するが、構造物の形状や性質を先に定めて、それに適合する材料特性などを求める
※19　垂直方向の真下
※20　MHの体積

森田　観測した地点ごとの情報だけだと、見かけの比抵抗分布（※21）しか得られず、周囲との干渉の影響をきちんと見極められません。全データを用いた三次元的なインバージョンをやらないと精度の高い評価ができないのです。

青山　それに加えて、やはりボーリングする必要もあるのでしょうか。

森田　そうです。LWD（※22）とコアリング（※23）の両方を実施しています。

青山　それで初めてリアルな値が出るということですね。

森田　その通りです。電磁探査で観測された電気を通しにくい部分については、掘削することでMHであるかどうか確認ができます。

森田さんへのインタビューは、二〇一五（平成二六）年一〇月九日に行いました。

その後、表層型MHの資源量計算に進捗がありました。

資源エネルギー庁が主導し、平成二五年度から三年間の計画で行われていた「表層型MH資源量調査」。そのプロジェクトの三年目に、上越沖の海鷹海脚《うみたかかいきゃく》にあるひとつのガスチムニー構造を対象として、MH資源量がメタンガスに換算して約六億立方メートルと試算されました。二〇一六年九月一六日にプレス発表されました。

その計算方法は、森田さんがインタビューのなかで仰っていた、①電磁探査による結果を使った計算、②掘削同時検層（ＬＷＤ、掘削本数は八本）による結果を使った計算、③海底を掘削しコアを回収し（掘削本数は六本）、このコアに含まれるＭＨの量や、圧力コア（※24）の全コア分解実験から計算する方法の三つでした。

まだ定まっていない表層型ＭＨの生産手法

青山　国としては、表層型はＭＨの多いエリアが分かれば、掘り進める生産手法を考えたいと言っていますが。

森田　うまくいったらそうでしょう。

資源量調査で見込みがあるところが見つかったら、さらに次、採掘の技術的手法を定めなければいけません。それを検討するために、採掘の技術者のアイデアも集めないといけないし、それに対して橋渡しできるようなデータを提供しないといけないで

※21　磁力の流れにくさ
※22　掘削同時検層。地層のなかを掘り進めながら掘削機に付いたセンサーで調べていく
※23　単純な掘削
※24　圧力を保持した、地下の状態そのままのコア

しょう。どこにどの程度のＭＨがというだけでなくて、地盤や地層の力学的性質なども調べないといけませんが、そのような土木的な調査はこれからになります。

青山　有望海域の地盤を調べたりするのは平成二八年度以降ですか。

森田　おそらく、そうでしょう。これまで三年調査してきて、この先どうするかを一度踏みとどまって考えるのでしょう。

青山　やめてしまうという選択肢もあるのですか。

森田　ないわけではありません。そもそもいまの技術では生産はできないのですから。

青山　予算的にも無理だから、ちょっと置いておこうという選択肢もあり得るのでしょうか。

森田　そうかもしれません。個々にＭＨの研究に興味を持っている人はいますし、複数のエンジニアが独自のアイデアを持って個別に研究しているかもしれませんので、そこからよい開発技術が生まれるといいのですが。

青山　開発技術の研究は、いまは資源エネルギー庁（エネ庁）やＪＯＧＭＥＣ、一部の大学、産総研などがやっていますが、エネ庁は石油の輸入をしている商社のような感じで、国には掘削する技術を開発しようという意志のある人が少ない印象があります。

森田　エネ庁の目的は技術開発がいちばんではないからではないでしょうか。エネ庁の目的は、資源、エネルギーをきちんと国に供給するということです。

青山　つまり外国から買うばかりであっても、資源、エネルギーが国に供給できれば、それでもいいということですね。それではどうしても、自前資源の開発なんて手間の掛かることは二の次になります。

森田　通商産業のすべての面において円滑に進めるのが（経産省、エネ庁などの）第一の目的なので、エネルギー供給の観点では、技術のような手段の開発に関しては二番手以降になるかもしれませんね。

　ＭＨの場合は海外にもない新しい技術が必要なので、「ＭＨ21」というコンソーシアムをつくり、参加組織が互いに協力しながら回収のための技術開発も進めているということです。

青山　そもそもエネ庁にはＭＨ開発の経験がありません。砂層型ＭＨの採取法は油田やガス田の採り方の応用なので、簡単なほうに流れたのではないですか。表層型ＭＨにずっと、異様に冷淡だったのは、それも原因ではないですか。

森田　とくに表層型に冷淡だったわけではありません。そもそも、表層型については、当初見つかってもいませんでしたから。フェーズ１の間は明確に対象を砂層型としていました。既存の技術の応用で済むのならそのほうがいいですよ。民間企業にしても、人材も技術も揃《そろ》っていて、それを応用して済むなら当然そちらを選ぶでしょう。砂層型MHについては比較的特別新しいことをしなくてもいいのです。既存の技術――ベースは海外の技術ですが――の応用をいくつか試した結果、いまは「減圧法」が採用されています。

青山　既存の減圧法という技術に、日本でいろいろ新しい技術を開発して、乗っけているということですか。

森田　そうです。あいにく、私はこの開発には直接関わっていませんが。

青山　インドでMH調査の仕事を日本が取りましたが、それは日本がMH開発のリーディング・カントリーだからですか。

森田　本当の事情は知りませんが、そこは大事なポイントだと思います。MH開発で日本が先端を行っているのは重要ですし、（インドでの砂層型MHの研究開発に投入される）「ちきゅう」という（海洋研究開発機構〔JAMSTEC〕の）船はMHプロジェクトのなかでも一連の、掘削、コアリング、生産、これらのオペレーションを成功させた実績のある船です。経験ある人とモノが揃っているのは大事なことで、同じことをほかの国がやろうとしても、すぐにできるものではありません。

経験の豊富な国に頼むのは当然のことでしょう。

青山　ただ、ボーリングはアメリカやノルウェーの技術ではないですか。

森田　事実、ボーリング技術に関しては国産の部分は少ないです。

青山　ボーリングについても技術習得を日本の研究者もしてはいるのですか。

森田　はい。技術習得についてはもちろん、ボーリング技術の研究は日本でも民間や産総研でも進められています。

青山　砂層型ＭＨ採取の技術を、表層型ＭＨに転用するのは可能ですか。

森田　これは相当難しいでしょう。減圧法は地層中の圧力を下げてＭＨを分解させ、ガスを採り出すという手法ですが、砂層型ＭＨと違って、表層型ＭＨは、単純に海底に穴を開けて吸えばいいというものではありませんし、地層に沿った流動を期待して回収できるものでもありません。砂層型は砂泥の互層だからできるものです。非常に厚い砂層しかない地層では難しいという考え方です。

というのも、ハイドレートは分解時に吸熱反応をします。だから追加される熱がないと再結晶化してすぐに分解反応が止まってしまいます。それを防ぐのが泥層です。泥層が熱を供給する役回りを果たしてくれるからです。その作用がうまく働いていけば、ＭＨが分解するときの吸熱反応を乗り越えて、連続的にメタンガスを採れるということになるでしょう。

「MH21」のシミュレーションではそのように解析されています。

青山　表層型MHは点在しているので、採り方のシミュレーションは難しいのではないですか。

森田　表層型MHの場合、採り方自体が決まっていないので、シミュレーションはまだ、やりようがありません。しかし、回収方法が定まってくれば、適切な方法でシミュレーション自体は可能になるでしょう。

表層型MHの回収方法は、ガリガリ削って採るしかないように思います。砂層型のように井戸を掘って減圧するという方法はまず成立しないでしょう。

パイプラインでの吸い上げに課題

青山　表層型MHの採取法はいくつか可能性のある技術が出てきたら、現場で試しながらやっていくしかないのでしょうか。

森田　いきなり現場で試すのは、お金の面からも安全の面からもリスクがあります。よく検討してから試していくことになるでしょうね。

場合によっては、陸上でできることは陸上で検査していくことになるでしょう。これは砂層型ＭＨと同じプロセスです。

青山　「表層をガリガリ」は、ＡＵＶ（※25）のイメージですか。

森田　いいえ、重機をドカンとその場に置くなどしないと難しいのではないでしょうか。

青山　ＡＵＶがそのまま重機になるのですか。

森田　いいえ、ＡＵＶは基本的に水中を航走する目的のもので、着底させない機器です。表層型の回収には、設置型か、あるいはブルドーザーや掘削シールド（※26）などを使うことになるかもしれませんね。

青山　『サンダーバード』に出てくる「ジェットモグラ」のようなものを使うのですか。

森田　環境に影響がないとして、それができればいいのですが……。

青山　実際にそうしたものをつくっているところはあるのですか。

森田　残念ながら、まだないようです。トンネルボーリングならありますけど。浅い水深の海底で機動する小さいマシンなら、多少技術を持っているところもある

※25　自律型無人潜水機
※26　壁をつくりながら安全に掘削する工法

ようですが、深い水深で使える大型の機器はまだないようです。

やはり圧力（水圧）の問題は大きいです。それぞれの機器がきちんと動かないといけませんから。

青山　この場合、有索型（※27）になるのですか。

森田　無索型（※28）でもできるならいいのですが……恐らく有索型で電力を供給しながらでないと、パワフルな機器は使えないでしょう。

青山　海底のどこかに充電器を置いておいて、非接触で使うとかできませんか。

森田　いいえ、そんなふうに使える充電器はまだないでしょう。

青山　そうですか。重機の会社が参入してきて開発してくれればいいのでしょうか。

森田　海の技術なので、造船会社や重機の会社の参入も考えられますが、現時点では海外にもない技術なので新たに開発しなければいけません。

青山　かなり時間がかかりそうです。

森田　その方法でやるとしたら、時間がかかるでしょう。

青山　ガリガリ削ったものは浮力があるので浮かんできますが、それはどうすればいいのでしょうか。

森田　そちらのほうが深刻な問題です。ＭＨは細い管を使って揚げようとすると絶対に詰まります。直径が数メートルでは間違いなく詰まるでしょうし、数十メートルでも詰まるかもしれません。何といってもＭＨができる低温高圧の環境なのですから。

青山　ＭＨは、圧力の高い、温度の低い環境で生成するのだから、パイプのなかでも生成されてしまって、詰まるということですね。

森田　はい、そうです。浮かんでくるのはＭＨだけではありません。ハイドレートと一緒にガスのバブルなどが浮いてくると、それらもどこにでも絡まってハイドレート化するので、危険です。また、一度閉塞してしまったら、ＭＨは容易に取り除けません。

青山　よく天然ガスのパイプラインが詰まりますが、海のなかで詰まったら、上げるしかないのですか。

森田　この場合、生産パイプラインの人たちがどのように対処するのかは分かりません。安定領域まで揚げないとＭＨは分解しませんから。

このあたりは課題だらけです。ちょっとした障害から、例えば糸があっただけでもバブルはそこにどんどんくっついていって、ハイドレート化しながら太っていくでしょう。

※27　通信、電力供給用のケーブルを介して、人間が母船上から操縦するタイプ

※28　ケーブルがなく、作業内容をあらかじめプログラミングしておくことで、緊急事態以外は人間が外部からコントロールすることなく、自らの判断で行動するタイプ。

お風呂の中で発泡入浴剤を使って、出てきた泡に粗い金ザルをかざすと、まずは一本一本の線に細かい泡がつきます。これらはすぐに大きなガス溜まりになってしまいます。気体のガスでもそうなってしまうくらいなので、安定領域のメタンガスで試みるとハイドレートの塊になってしまうでしょう。

どんなに太いパイプでも、壁面にハイドレートがつき始めたら、みるみる大きく成長して、閉塞を招くことになるでしょう。

青山　例えば、管の内壁に薬品を塗って、ハイドレートをくっつかせないような工夫は可能ですか。

森田　何かつかせないようにする工夫は必要でしょう。傷ひとつない鏡面仕上げにするとか、管のジョイント部もツルツルに。とにかく、ハイドレートがついたら管はダメになるので、つかないようにしなければいけません。管が曲って滞りが出来てもダメです。

青山　それがなんとかうまくいったとしても、掘ることにも問題が残されています。国が、いまよりゼロふたつくらい多い予算を投じても、まだどうにもならないのですか。

森田　急に実用化するのは難しいでしょうが、日本の技術者は頑張るので、大きな需要とそのための予算があれば、技術面ではなんとかなるのではないでしょうか。

時代を変える施政方針演説

青山　環境影響の評価に関して、応用地質の横山幸也さんに会ったとき、「砂層型MHを採掘する際の地盤の変動による環境影響を、水晶の発振を使って調べている」と言っていましたが、それは表層型MHにも転用できるように思えました。

森田　もちろん表層型MHにも使えると思います。

いま現在、ガスを生産していなくても常に日本の地盤は変動していて、一部では崩壊が進行していたりします。だから、精密に地盤の変動を観測すること、つまり地盤の安定性評価はいまの段階からでも大事だと思います。ところが地盤の安定性評価はこの三年間の表層型調査では行っていません。

青山　地盤の定点観測などは行っていたのですか。

森田　基本的な海底環境のモニタリングはしています。カメラでバクテリアマット（※29）の周辺を撮り続けたり、採水したり、セディメント・トラップ（※30）で沈降

※29　海底でバクテリアがつくる膜
※30　海底に、上を向いて置くもの

してくるものの量と速度、ヒートフロー（※31）もずっと数か所で測っています。

青山　四年目になってなお、政府はどう考えているか、全然決まっていないのですか。

森田　現在は、三年間の集中的な調査が終わったということです。いまは開発に繋げられるかどうかの判断材料を整理しているところです。今後どうするかは最終的には国が決めるのでしょう。

資源量評価という形ではなくなり、開発に向けて進めるなら何をすべきかを考えることになるでしょう。

青山　エネ庁は判断できるのでしょうか。

森田　調査研究の成果を提出して、単に「どうぞ判断してください」というわけにはいかず、開発に向けて前に進めるかどうかを判断できる第三者的な有識者も加えて、客観的な検討をしていただくことになるでしょう。公正な判断のためにも、砂層型MHの第三者委員会のように外部の方に入っていただくのが理想ではあります。

青山　安倍晋三総理は、二〇一五年二月一二日の施政方針演説でこう仰いました。正確に引用します。『日本は変えられる』という小見出しが付いた部分です。

〈私たち日本人に、『二〇二〇年』という共通の目標ができました。

昨年、日本海では、世界に先駆けて、表層型メタンハイドレート、いわゆる『燃える氷』の本格的なサンプル採取に成功しました。『日本は資源に乏しい国である』。そんな『常識』は、二〇二〇年には、もはや『非常識』になっているかもしれません。『日本は変えられる』。全ては、私たちの意志と行動にかかっています。〉

この演説は、「二〇二〇年までに表層型ＭＨも実用化、それを目指す」と仰ったわけではありません。そこは誤解してはいけません。しかし表層型ＭＨという具体的な名前を施政方針演説で出された意義は非常に大きいです。

一方、砂層型ＭＨについては、政府はこれまで「二〇一八年には実用化」としてきました。それは元々、「二〇一八年にすぐ使える」という意味ではなく、「政府から民間の手に渡せるだけの進展を図る」という意味でしたが、それにしても、これは砂層型を含めて、目標年を二〇一八年から二〇二〇年にずらすという意味もあるのかもしれませんね。

森田　（二〇二〇年に実用化とまではいかなくとも）ＭＨは「ペイは（まだ）しないが（社会に資源として）出せた」ということは言えるでしょう。

青山　政府による表層型の調査、研究が二〇一七年度以降も続くことになったら、関

※31　海底に刺す温度計

わるのですか。

森田　それは本当に分かりません。私はジオロジスト（地質学者）です。MHに興味はあります。MHの分布や、それがなぜそこにあるのかを探るサイエンスの部分には関わりますが、開発に直接関わろうとは考えていません。

青山　電磁探査（※32）はどうですか。

森田　解析を進めて調査の精度を上げるのは大事なので、電磁探査は可能ならば今後も実施したいと考えています。電磁探査は、地下の非常に重要なデータが掘削なしで得られます。これまでにない精度で世界一のデータが取れています。

青山　森田さんのチームがやるのですね？　その報告も出るのですか。

森田　いずれ公表する予定でいます。

一般に公表する段階では（表層型MHの）ボリュームや位置の情報は慎重に提示するようにしています。

電磁探査はデータ量が膨大になるので、解析はとくに大変です。まずは第一次的な解析データとしての提出を考えています。

青山　非常に楽しみにしています。

ところで、以前あるフォーラムで、「ガスチムニー構造内のガスの堆積速度が分かれば持続可能資源かどうかの判断がつくかもしれない」という発表がありました。ガスチムニー構造内の上部にメタンハイドレートがあるとして、チムニーの下部からどんどんガスが供給されて堆積していくのなら、資源として有望だという意味ですね。

そういうデータをこの三年間で取ったのですか。

森田　どのくらいの量のガスが上がってきているか、そのためのきちんとしたデータはまだ得られていません。ただし、どんどん深部からガスが上がってきているとしても、地下のＭＨは何万年から何十万年、場所によっては一〇〇万年以上の時間をかけて現在の状態になっています。その量はほぼ平衡に達していると考えられますので、わたしたちが生活している時間スケールでＭＨがどんどん増えるわけではありません。ほとんどのガスがＭＨにはならずに海底から漏れ出ています。

表層型ＭＨの生産には新たな仕組みを

青山　森田さんは、ＭＨ以外は何を研究しておられるのですか。

森田　私の専門は海洋地質の研究です。資源系ですがメタル系には携わっていません。

※32　電気の流れやすさを調べて、地層の中身を知る探査法

付加帯や泥火山、海底地すべりなどに携わっていますが、いずれも天然ガスが絡んでいることが多いです。

青山　国産資源に対して、新たな枠組みをつくる必要性はどう考えますか。

森田　ハイドレートについてですか。

青山　ＭＨから採れる天然ガスについてです。

森田　いまは色々な企業も加わって「ＭＨ21」で調査・開発をしています。常にいまできる最善の方法を探りながら、皆さんよく頑張っていると思います。

青山　私がお話ししたいのは、日本海側の表層型ＭＨを採ることになった場合、これまでの「ＭＨ21」の調査とは少し違うのではということです。

森田　「ＭＨ21」は砂層型ＭＨの調査をずっとやってきているから、それはそうです。

青山　ということは、表層型ＭＨで生産技術に関わることを進めることになれば、違う枠組みが必要だと思うのですが。

森田　同じ「ＭＨ21」のなかであっても、必要とされる技術は違ってくるかもしれません。

青山　そういう声は上がっているのですか。

森田　オーガナイズ（組織化）しようにも方向性すら定まっていないので、どういう枠、どういう組織をつくればよいか、誰もイメージできない状況にあります。海洋調査データを持っている我々ですらイメージできないのです。

いまあるデータを整理して、次に進むべき方向と場所が定められたときに初めて、何が必要で、どういう形や人材が必要なのかが見えてくると思います。そうやって、「ＭＨ21」もフェーズの進行とともに関わっている人たちも変化してまいりました。

表層型ＭＨはきちんと調査しようとしたら三年では足りません。とはいえ、あまりお金（国家予算）をかけ過ぎても問題なので、集中してやるには現状がいい案配なのではと思います。もちろん、わたしたち研究者の「もっと知りたい」「もっと調べたい」という好奇心を満たすには、とても時間が足りませんが。

青山　私も学者ですから、科学者としての好奇心はよく分かります。ただ、国益のために資源化することと、学者の好奇心を満たすことは違うということを、わたしたち科学者は国民の予算を預かるときには肝に銘ずるべきです。

対論を終えて――
戦う地質研究者。「まだまだメタハイ基礎物性の観測が必要だ」

二〇一三年から三年間実施された「表層型ＭＨ資源回収技術の検討」で、表層型Ｍ

Ｈの資源量計算に進捗がありました。

森田さんが対談で仰っていた、三つの方法を使いました。①電磁探査による結果を使った計算　②掘削同時検層による結果を使った計算　③海底を掘削しコアを回収し、このコアに含まれるＭＨの量や圧力コアの全コア分解実験から計算する方法の三つです。

これらの方法で、新潟県上越沖の海鷹海脚にあるひとつのガスチムニー構造を対象として、ＭＨ資源量がメタンガスに換算して約六億立方メートルと試算されました。ただ、これで表層型ＭＨの量の全体が分かるわけではは、まったくありません。その理由は、ガスチムニーのなかのＭＨの状態や量は均一ではなく、サンプル毎に大きく異なっているためです。ひとつのガスチムニー構造のＭＨ資源量が試算されても日本周辺全体の表層型ＭＨの資源量の試算は、まだ時間がかかると推察されます。

太平洋側に多いといわれる砂層型ＭＨは日本海側にもないわけではないことが今回の森田さんとの対談で確認できました。

それから、「ガスチムニー構造内の上部にはＭＨがあり、下部からどんどんガスが供給されてＭＨが堆積していくなら、その堆積速度が分かれば表層型ＭＨが持続可能な資源として有望かもしれない」と森田さんに質問したところ、「どのくらいの量が上がってきているか、きちんとしたデータはまだ得られていないが、もし深部からガスが上がってきていても、MHはほぼ平衡状態（つまりこれ以上MHが出来ない状態）になっていると考えられるから、ほとんどのガスはMHにならずに海底からあふれ出ている」とのことでした。すなわち、こういう原因で海中にあふれ出してきたメタンガスが、MHの安定領域内（つまり水温が冷たく水深が深い海の底）だったら、海中に出た瞬間に、MHまたはMHでコーティングされたメタンガスの粒の集まりとなり、魚群探知機やマルチビームソナーでメタンプルームとして観察されるのです。

森田さんから回収技術についても意見をもらいました。表層型MHを海上まで浮上させるにはパイプを使います。そのパイプの内壁はツルツルにしてMHがくっつかないようにする工夫が必要であるとのことでした。

メタンハイドレートの基礎物性について研究とそのデータは充分活用されているか

佐々木重雄先生は静岡大学出身で、基礎物性が専門です。一七、八年前からハイドレートに関わっています。メタンハイドレート（ＭＨ）の力学的性質（固い、軟らかいとか）は、佐々木先生のデータなしには語れないほどです。沢山《たくさん》の精確な実験データをお持ちで、現在は岐阜大学教授です。

私が岐阜大の大学祭で講演に招かれたときに、その講演を聴きに来てくださり、ＭＨ研究に関していろいろアドバイスをいただきました。

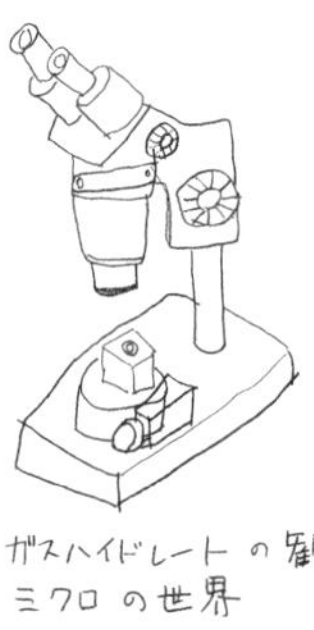

ガスハイドレートの観察
ミクロの世界

佐々木　ハイドレートの世界は色々な分野があって様々な研究があります。ハイドレートに関わりだしたのは一七、八年前です。その当時、実験の再現性がないイメージを持っていました。

皆、色々な研究をしていますが、多くの結果が異なっていました。それは、平衡状態のつくり方が悪く、皆が違う条件で研究をしているにも拘《かか》わらず、同じだと考えて発表しているからだと徐々にわかってきました。

（※青山による註　ここで佐々木先生が「平衡状態のつくり方が悪く」と仰《おっしゃ》っているのは、どういう意味でしょうか。科学者以外の方にはちょっと分かりにくいかなと思うので、私の解釈を記しておきます。おそらく、様々なデータやそれに基づく多様な研究を、研究者の世界で釣り合いが上手く取れている状態にすることができないでいる、という趣旨だと思います。科学者らしい表現ですね。

また、その前の「再現性がない」というのは、ある科学者の研究成果を、他の科学者が再現して成果、結論、方向の正しさを証明することができないでいる、という意味です）

佐々木　当初、世界中に分散しているハイドレートのデータをひとつに集めようという試みがありました。私はまだハイドレートの分野に入ったばかりだったのですが、当時、石油公団があった千葉県幕張でこの試みに関連して講演を頼まれました。海外の学者たちも来ていて、彼らもハイドレートは研究ごとに違うので難しいと話していました。

それをきっかけに、再現性のあるデータを取ろうと思いました。皆、非平衡状態で研究をしているから結果が異なるのであって、私は、誰が見ても平衡状態である単結晶（※1　single crystal あるいは monocrystal　結晶のどの位置であっても、結晶軸の方向が変わらないもの。単結晶の集合体が多結晶）にこだわりました。それで再現性のあるクリアなデータが取れるようになったのです。

　ハイドレート系の研究にはいくつかの方法があると思いますが、単結晶をつくって加圧するのがわれわれの（研究室の）こだわりです。そうすると誰も気づかなかったことが沢山見えてきます。

　以前にもハイドレートの単結晶をつくっていて、高圧ブリュアン散乱を使ってその

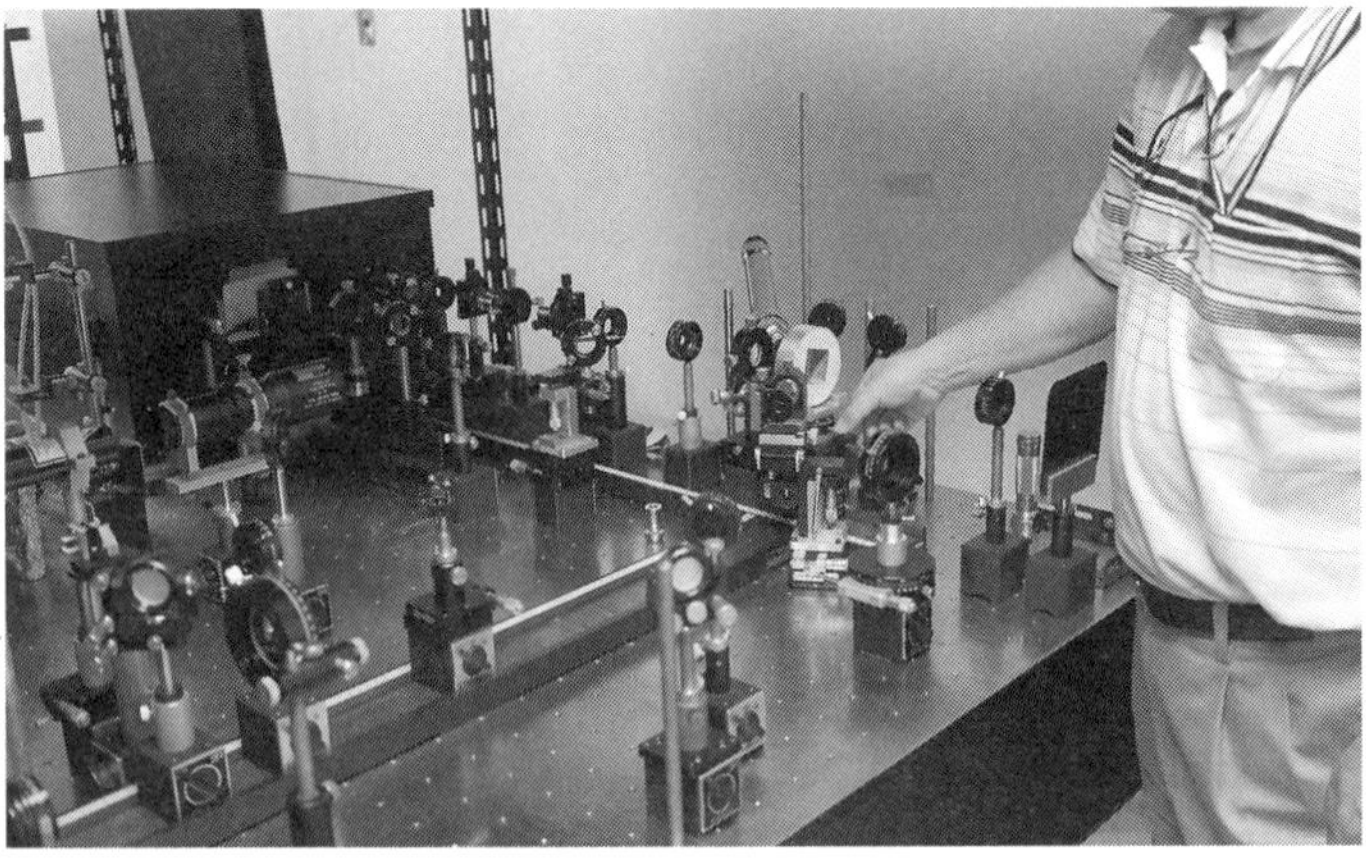

高圧ブリュアン散乱分光測定装置

弾性的性質（※2）を正確に決めています。われわれ以外の研究室は正確に決定する技術を持っていません。

青山　高圧ブリュアン散乱とは？

佐々木　ブリュアン散乱（※3）は結晶が持っている色々な振動のなかの音響フォノンを見ています。

（青山による註　フォノンとは、phonon という英語を見てもらうとイメージが分かりやすくなるでしょうか。音子または音響量子、音量子ともいいます）

音響フォノンは簡単に言えば音波のことです。ただ、振動数が非常に低いので、普通の分光器では見ることができません。ファブリペロー干渉計という専用の分光器がありますが、持っている人が少ないためあまり行っていません。

青山　国内では先生のところだけですか？

※1　single crystal あるいは monocrystal　結晶のどの位置であっても、結晶軸の方向が変わらないもの。単結晶の集合体が多結晶

※2　力をかけても元に戻ろうとする性質

※3　光が物質のなかで音波と相互作用し、振動数がわずかにずれて、光の散乱が起きる現象。フランスの物理学者レオン・ブリュアンが発見した

佐々木　いいえ、ほかにもいくつかあると思います。高圧関係だとSPring-8（※4）や電気通信大学などで行っていたと思います。高圧ブリュアン散乱の研究をしているところは、だいたい一度は相談に乗っています。

日本で最初に高圧ブリュアン散乱を行ったのは静岡大学の理学部でした。私はその研究室のふたり目の学生でした。

青山　今日、その装置を見ることはできますか？

佐々木　できますよ（※一六二頁の写真がそれです）。

青山　そうした高度な分析の、目指すところを教えてください。

佐々木　ハイドレートが持っている弾性的性質が分かれば、どういう環境を与えると結晶が壊れる可能性があるかが分かります。ゆっくり壊れれば、壊れてすぐに再形成しますから関係ありませんが、瞬発的な力がかかったときに一気に分解するとガスが一斉に出て、地盤に大きな歪《ひず》みを与え、崩落する可能性があると思っています。

それが本当に起こるか起こらないかを、どう検証するかが問題だと思っています。

青山　過去の地すべりなどの事例を見たら分かりますか？

佐々木　時々、海洋での崩落事故が起きるようですが、それがこれとリンクするかも分かりません。実験的に証明しない限り駄目だと思います。ハイドレートは分解再形成する特色がありますから、シアストレスや瞬発的な力がかかったときに、どう変化するかは、見ないと分かりません。

（青山による註　シアストレス〔shear stress〕とは、剪断《せんだん》応力ともいいます。物体の内部のある面の平行方向に、滑らせるように作用する応力のことです。では応力とは何でしょうか。英語では、ストレス〔stress〕といいます。物体の内部に生じる力の大きさなどを表す物理量です。つまり、モノが変形したり壊れたりするとき、どれくらいの力がそのものにかかっているかを示すことだと言っていいと思います。だから佐々木先生が仰っているのは、ハイドレートが分解したりするとき、その内部にかかる力のことですね）

青山　高圧力だから室内実験でも難しいということですか？

佐々木　圧力を発生する技術は大したことはありません。その状態で単結晶をきれいにつくって、かつシアストレスもかけて弾性的性質を見る技術があるかが問題です。単結晶をつくる技術、シアストレスをかける技術、それと弾性的な性質を測定する技術が揃わないとできません。たぶん弾性的性質を測定する技術はわれわれにしかな

※4　兵庫県の播磨科学公園都市にある世界最高峰の大型放射光施設

いでしょう。

産業技術総合研究所（産総研）が行っている実験は、砂と混層にして砂の性質を見ているため、ハイドレート自体の性質はおそらく見ていないでしょう。また、弾性変形ではなく、塑性変形《そせいへんけい》をしている状態で実験をしていると思います。

それではハイドレートの弾性の性質を調べたことにはならないと思います。彼らは混層の状態での物性がターゲットで、私は単体の物性がターゲットです。

（青山による註　塑性変形とは、荷重を取り除いても元の長さに戻らず、永久伸びが残る変形をいいます。何かに力をかけて、それが伸びたとします。塑性変形の場合は、その力をどかせても、もう元に戻らず伸びたままになるわけですね。

これに対して、弾性変形は、材料に荷重をかけたとき変形して伸びが生じますが、その荷重が小さければ、荷重を取り除くと元の長さに戻るわけです。ＭＨは後者ですから、佐々木先生の仰っているのは、弾性変形をきちんと調べるべきだという指摘だと思います）

青山　表層型ＭＨは、ハイドレートの結晶が真っ白な形でゴロゴロと泥のなかに入っています。これについては、先生の実験は意味を持ちますか？

佐々木　表層に凝集しているものは、例えば海底のなかにあるほかのハイドレートが分解して、それが海底面に抜けて再形成しているものだと思っています。

そういうものはストレス（応力）がかかっておらず、上の土に引っかかかっているだけではないでしょうか。上の土が被っていてそこに固まりがあって、それがなければ浮いてしまう不安定なハイドレートのような気がします。

そういう意味では、シアストレスや崩落とは無縁だと思います。

怖いのは、地盤のなかで層を持って眠っていて、かつ凝集層を持っているものです。なぜかというと、砂層になっているところは砂が支えているからハイドレートに悪影響はありませんが、濃度が高いところで結晶状態になっている場所だとハイドレートに直接ストレス（応力）がかかってしまいます。もしそういうところに瞬発的なストレスが働いたらどうなるかわかりません。そういう観点で見るべきでしょう。

わたしたちは応用の人間ではなく単純に物性の研究者なので、ハイドレートの弾性的性質を提供するために正確なデータを出しています。

応用をしている人たちは「こんなデータは意味ない」と言われますが、圧縮すればより安定するのか不安定になるのか、その違いに意味があるので、分かって欲しいです。

（青山による註　表層型ＭＨの場合は、採掘しても、大きな問題が起きないだろうが、砂層型ＭＨは濃度が高いところだったりすると、採掘に伴って大きな力が加われば何が起きるか分からない怖さがあります。だから実験室でも丁寧に調べるべきだ……おおむね、こうした問題提起を佐々木先生は極めて客観的になさっていると、私は受けとめました）

青山　経済産業省は、平成二六年度から二八年度までの三年間、ずいぶん多額の予算を集中させて、表層型ＭＨの賦存《ふそん》量調査を行いました。その調査では、電磁探査で海底の下にＭＨがガスチムニーとして存在していることが分かったということになっています。しかし（電磁波が）反射しているだけでどんな状況かよく分かっていないので、全て調べる必要があると思うのですが。

佐々木　ハイドレートのもっと下は見えないのですか？

青山　分かりません。海底にガスチムニーがあったら凹んだり、逆に（盛り上がって）マウンドになっていたりするので、こういうのが何個あるか調べて、そのなかの一個のなかのハイドレートの状態を調べてざっくりと（掛け算で）全体の賦存量を求めるというのですが、それでいいのか疑問です。

（青山註　この対論のあと、平成二八年度に三年間の成果報告がでました。電磁探査のほか、掘削同時検層と回収したコアの分析を利用して、ひとつのガスチムニー構造の内部のＭＨ資源量の試算を行いました。詳しくは一二五頁からの森田澄人さんとの対論をご参照ください）

佐々木　おそらく、どこかにメタン源があって、それが下から噴き出していて、それが集まっているところにハイドレートが大量にできて、そこが膨張して大きくなると考えるのが常識だと思います。そうすると、下には（ＭＨは）ないかもしれません。

青山　そうですね。真下ではなく、どこかからやってきているかもしれません。

佐々木　しかもそれはガスとして来ています。下にはハイドレートはなくて、メタンガスとして移ってこなければ（ガスチムニーは）できないような気もします。

青山　表層にあって、海底下深くにある天然ガスや油田からメタンが来ている可能性がありますね。二年前に経済産業省の資源エネルギー庁（エネ庁）は、ボーリングで下のほうまで調べてハイドレートのある横まで掘りましたが、ハイドレートは真下にはなかったですから……また調べるそうですが。

佐々木　なかなか見つからないのではないでしょうか。ガスで出てくるからハイドレートは捕まりません。ボーリングではガスは見つかりません。どこかからガスが流れ込んできている可能性があって、どこから供給されているのか、それは分かりません。

上のほうに（ＭＨが）できるということは、下が不安定だということです。

もしかすると、海底の全然違うところにＭＨの層があって、そこから分解したのが流れてきて出る場所があるのかもしれません。少なくともその下にはないのではないでしょうか。

青山　先生の研究と「ＭＨ21」（フェーズ１）との関係はあるのですか？

佐々木　いいえ、関係ありません。メンバーには入っていません。うちみたいにピュアな基礎物性は入りにくいようです。

青山　絶対に必要だと思うのですが、どうしてなのでしょうか。

佐々木　私もそう思います。誰かに言われたのですが、「ＭＨ21」を立ち上げる前に、基礎系は入りにくいということでした。

ただ、現場でやる人間としては基礎系の情報が欲しいので、基礎系の先生を大事にして色々な情報が欲しいと言われました。

青山　先生の研究費は、主には科学研究費助成事業（科研費）（※５）ですか？

佐々木　科研費と、ちょっと前までは東京大学のグループと学術創成研究で一緒に研究していました。

その関係で、まだ成果にはなっていませんが、高圧中性子線回折《かいせつ》（中性子線を利用し物質の結晶構造などを調べる方法）の実験もやっています。

ハイドレートの問題点は色々あって、構造や弾性的性質のよく分かっていない点をはっきりさせたいですね。

青山　「ＭＨ21」で基礎のデータが欲しい人は、先生が論文を発表してくれないと分からないわけですか？

佐々木　いいえ、論文になっていなくても細かいことは発表しているので「ＭＨ21」の人たちの多くは知っているはずです。ただしわれわれのデータは必要ないと考えているようです。

青山　えっ？　それはどうしてですか？

佐々木　わたしたちが「地盤の安定性に問題があるかもしれない」と言うと（一部の「ＭＨ21」の研究者は）「それとこれ（砂層型ＭＨ）は全然、関係ない話であって、これは安定だ」と言ってきます。私は「安定かもしれないし、安定ではないかもしれない」と考えています。

「ハイドレートの弾性的性質は氷と似た性質なので、それを考慮すべきではないか」と言っていますが、彼らは高圧下の結果は海底下のものとは異なるうえ、相平衡上安

※5　文部科学省およびその外郭団体である独立行政法人日本学術振興会の事業。人文・社会科学から自然科学まで全ての分野にわたり、基礎から応用までのあらゆる「学術研究」（研究者の自由な発想に基づく研究）を格段に発展させることを目的とする「競争的研究資金」

定（例えばコップの中で氷と水が変わらずに在ること）であると主張しています。現状では、「分からない」のが正しい答えだと思います。

最初で最後の科学者

青山　先生とのご縁は、岐阜大学で講演したことでした。先生から厳しい、だけど公平なご意見をいただいて嬉しかったです。

岐阜大学の先生の実験室は、まさしく実験室の役割を果たしていますね。

佐々木　最近、学生の研究ペースが落ちていてデータがまとまらず、なかなか成果にならないですよ。それでも、なんとか形になってきました。すごくきれいなデータが取れています。ハイドレートで、弾性定数（※6）をこれだけ正確に出せる研究室はほかにはないはずです。

青山　大学院に入っても、マスター（修士課程）でやめる学生がいまは多くなっていますね。

佐々木　全然、ドクター（博士課程）に行きません。人手不足です。

また、学生がハイドレートの単結晶をつくるのはそもそも大変で、多くの学生は技術を習得するのに一年かかります。それなので学生はデータが簡単に出せません。最近は単結晶をつくりやすい試料を選んでいます。ガスの溶解度が違うと全然違ってくるのです。窒素やアルゴンなどの溶解度の低いものは難しいので学生はなかなかできません。とくにブリュアン散乱は単結晶がないと解析できないので、単結晶をつくるのに学生は苦労します。

青山　単結晶をつくる技術も、先生の研究室の特徴ですね。

佐々木　皆できないようです。偶然できた人はいますが自分たちの力でつくった人はあまりいません。私は初めてやってみたその日のうちにつくれたので、なぜつくれないか、よくわかりませんが。

　海外からもつくり方を聞かれて教えたことがあるのですが、なかなかできないようです。何か秘密を隠していると思われているみたいです。

青山　手先の器用さは関係あるのですか？

佐々木　いいえ、それよりも観察力だと思います。

　ハイドレートの場合だと、ガスがあって、水があって、ハイドレートの単結晶があって、ガスが水に溶けてクラスター（※7）をつくってからハイドレートを形成し

※6　弾性率と同じ。物質の変形しにくさを表す値
※7　水分子が水素結合で結びついてできる集合体

ます。だから成長を早くするとガスが水に溶けるのが間に合わないから、またガスの近いところからハイドレートができてしまいます。そうすると、結晶がボコボコできて単結晶がつくれません。

ハイドレートの成長バランスを目で観察して、その感覚をつかめれば、うまくつくれますが、それが皆できません。

青山　数をこなせばできるようになりますか？

佐々木　できないようです。センスが良い学生は簡単につくりますし、センスが悪い学生はどれだけやってもなかなかできません。

簡単なことを難しくしてしまうと無理です。難しくしないように、どう本質を見抜くかが問題です。

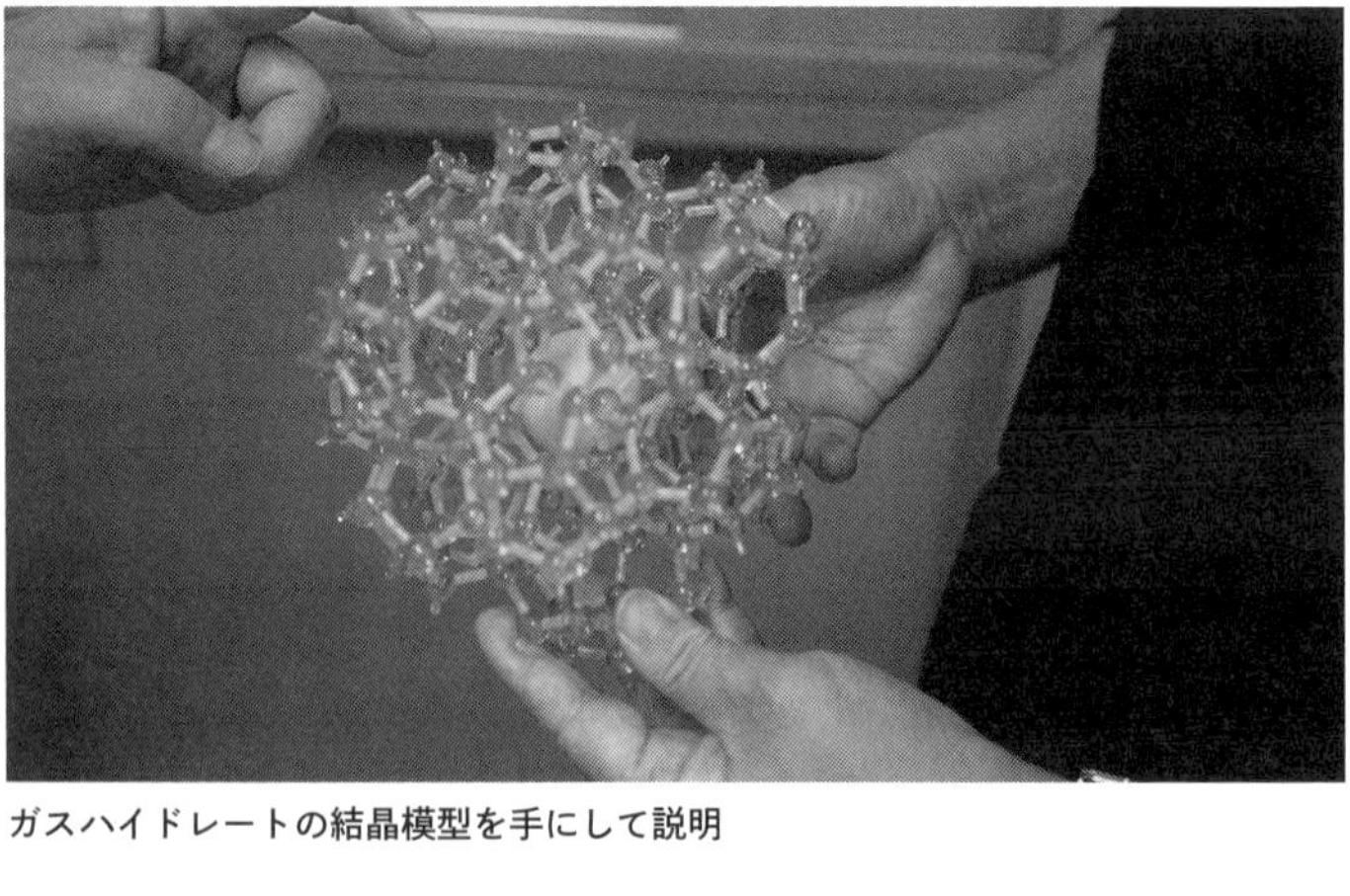

ガスハイドレートの結晶模型を手にして説明

青山　先生の後継者は、まだ育っていないのですか？

佐々木　私が引退したら終わりだと思います。高圧ブリュアン散乱のハイドレート研究は、私が最初で最後になるかもしれません。

わたしたちが本当に知りたいのは、ゲストとホストの間の相互作用。やりたいことが実現できないまま十数年、経ってしまいました。本来は、ゲストとホストの相互作用が面白そうだということが始まりで、応用面のほうはあまり興味がなかったんです。

（青山による註　この場合のゲストとホストの相互作用とは、小さな分子が大きな分子に捕まえられることを言います。小さな分子がゲスト、大きな分子がホストです）

佐々木　実験室を見ていかれますか？

青山　ぜひお願いします。

見学後

佐々木　うちの研究室のポイントは、ハイドレートの海底での安定性はまだよく分からないので、弾性的性質をもっとしっかり決めることです。いちばんやるべきことは瞬発的な力がかかったときに、ハイドレートがどのような変化をするのか調べることだと思います。わたしたちのデータからは静的にハイドレートを見ていますが、瞬発的な力がかかったときはどうなのかというところに疑問を持っています。どうやって調べていくかを考えなければなりません。

いま、装置をつくっていて、瞬発的な力、歪みをハイドレートに与えたらどうなるかを直接、調べようとしていますが、できるかどうかもまだ分かりません。どうやってハイドレートをねじる（歪みを与える）かがいちばん難しいです。ちゃんと単結晶の状態を保ったままねじることができれば良いのですが。

北海道大学の内田努さんも同じことを言っていましたが、うまく意思の疎通をしてデータの共有をしないとダメだと思います。（それぞれの研究内容の）融合は簡単にできません。

お台場の産総研で開催されている研究会でも、基礎と応用の会場を分けてしまうので、それぞれの話が聞けないのが課題です。応用の人は基礎を聞きには来ませんが、（基礎系の）私は応用を聞きたいのです。会場をひとつにするべきです。応用の人も基礎に目を向けて、何かヒントを得て、応用にフィードバックしてほしいものです。私は自分の研究が応用にどう活かされるのかを知りたいので、積極的に応用を聞きに行きたいと思っています。

青山　エネルギー資源に関する研究だと、このように応用と基礎が連携しないという傾向があるのでしょうか

佐々木　逆も言えるかもしれませんが、応用の人は基礎に目を向けない傾向があると思います。基礎を押えていないと間違った応用をします。応用をする人は基礎をもっと知るべきです。知らないとどこかが抜けて失敗しますし、あとで取り返しのつかないことが出てきます。

青山　私が魚群探知機で研究しているメタンプルームは、海中に出ているぶんがそのまま海水に混じって、やがて海面から大気中に蒸発します。そのためメタンガスが出てしまい、温暖化効果が高いです。というわけで下から出ているものをどこかで採って燃やして、二酸化炭素にしたほうがいいのではないかと思います。

（青山による註　これは、メタンガスの地球温暖化効果はCO_2のおよそ二五倍だからです）

佐々木　私もそう思っています。眠っているものは使わないで、プルームとして出てくるものは率先して使ったほうがいいと思います。出てくる下のところにガスを集めるものを付けて、それを（陸へ）運んでいったほうがいいでしょう。出る場所が決まっ

ているならラッキーで、そこに覆いを付けてガスを運んで使い続ければ環境破壊にはなりません。量は少ないけれど、これを使うのがいちばん筋は通っていると思います。

青山　エネルギー資源を海底から採ると漁業交渉などが必要となりますが、出ているものを上のほうで採るのなら、環境も破壊しません。

佐々木　でも多くは溶けてしまうので上で採るのは難しいのでは。

青山　そんなに上ではない海中です。いま計画をしています。

佐々木　どのくらい収集できるのかよくわかりませんが、メタンガスが流れる道が決まっている一か所で集めれば、ずっと採り続けられるのではないでしょうか。

青山　そうなんです！　一〇年くらい毎年同じ場所に行っても、少し移動はあるがずっと出ているのです。道が出来ていて、そこに出続けているのだと思います。だから無理せずに採れます。

佐々木　ぜひそういう方向性で色々やってみてください。面白そうです。

青山　いま実行しつつあるのは、試しに新潟県沖で、テントの幕のような被せるものを用意してやる実験です。

佐々木　それが利用に十分な量なら面白いと思います。

青山　圧縮装置も船上に用意して、メタンプルームから捕集したガスを圧縮して火を点けて燃やしてみる予定です。

対論を終えて――「自分の技術を伝える後輩がほんとうは欲しい」

ＭＨの弾性変形はもっと調べるべきであり、そのため佐々木先生はそのデータを提供していて、応用部門の研究者に使ってもらいたいという大切なことが、この対論で分かりました。

それから、基礎と応用の研究者の相互理解が必要であるということも、改めてしっかりと確認できました。あと、ご自分の技術を伝える後輩がいないというのは、かなり心配なことです。

でも、それをはっきり仰る佐々木先生は、ほんとうは誰よりも後継者を育てる努力を惜しまない科学者だと感じます。

メタンハイドレートの生産方法についての研究はどこまで進んでいるか

元・産業技術総合研究所（産総研）の成田英夫さんに聞きました。

成田さんは、MHの生産手法開発の第一人者です。

北海道大学の原子炉工学研究室で博士号を取得されました。そして産総研の前身である工業技術院に入り、MHに工学の立場から長年、携わってこられました。「MH21」（※1）生産部門のプロジェクトリーダーを務められ、二〇一五年に定年退官されたあと、奥様とご一緒に石垣島などに旅行に行かれた愛妻家です。

そういえば、何年か前に幕張で大きな国際学会の「日本地球惑星科学連合」（JPGU）が開かれたとき、会場近くのアウトレットモールで、成田さんが女性用のハンドバッグを選んでいたのをお見かけしました。目鼻立ちがくっきりして、ちょっと『サンダーバード』のキャラクターみたいで、遠くからもすぐわかります。

プライベートはきっと、ご家族思いの科学者なんだなと、そのとき思いました。

砂層型ＭＨが基幹エネルギーになるには減圧法しかない

成田　メタンハイドレート（ＭＨ）の開発は、石油・天然ガス開発の専門家以外にも、大水深・浅層の地盤工学、ＭＨに関する物理化学、気液固三相の流動工学などの研究分野の専門家およびそれらの分野の成果を理解し、ひとつの方向に導くマネジメントなしでは行うことができません。

青山　そのへんのことがわからないので、教えてほしいと思っています。

成田　例えば、石油工学分野では、これまでの長い歴史のある知見や既存技術に重きを置きますが、開発対象であるＭＨの分解・再生成に関する知見や、石油工学の世界でも開発事例のない浅い地層の力学特性、減圧時の井戸にかかる圧力などには深く追及しない傾向がありました。逆に、石油工学分野でない専門家は生産するための知見や現場経験が少なく、狭い研究範囲に閉じてしまう傾向がありました。このため、当

※１　経済産業省主導のＭＨ研究のコンソーシアム。「メタンハイドレート資源開発研究コンソーシアム」のこと

初はお互いの言葉や意見が通じないということが珍しくありませんでした。

私は一九九二年からＭＨの開発に携わっていますが、まずは、異なる分野の研究者や技術者のお互いの文化を理解しあうことから始める必要がありました。

これまで開発してきた結果、生産手法としては減圧法（※２）を中心とする方法以外はないと考えています。（砂層型の）ＭＨを基幹エネルギーとするだけの生産量を確保するためには、減圧法がカギを握ります。減圧法で実用化できなかったら、それはもう資源ではないと言えます。

青山　減圧法で実用化できなければ、他に、砂層型ＭＨを資源として使えるようにする道も、もはやないということですか。

成田　そういっても過言ではありません。

減圧法が効かないような塊状の表層型ＭＨについては、たとえば県単位のローカル・エネルギーとして実用化しようとするのなら、問題ない。しかし基幹エネルギーとして貢献できるような資源としては、砂層型ＭＨを減圧法で実用化するしかないと私は思います。

青山　そこは、私と意見が違いますね。

成田　生産障害がどのくらいあるかということが、今後の重要課題のひとつです。そのため、産総研のメタンハイドレート研究センターでは近年、この生産障害の解決についてかなり力を入れてきているのですが、MH層の圧力や温度を再現する実験は容易ではなく、解決には時間がかかります。

生産障害というのは主に出砂の対策とそれに伴う生産障害です。砂層型MHからガスを井戸を通じて取り出すとき、フィルターのようなもので砂を止めすぎると、今度は細粒砂《さいりゅうさ》が井戸の周りで固まってしまって、せっかく生産したガスが通らなくなってしまうという状態です。井戸の周りが砂で目詰まりしないように、砂を止める、しかし止めすぎない、このバランスを両立させる井戸に仕上げることが必要で、それさえクリアすれば、かなり解決すると思います。

私が減圧法での実用化を提案したときも、一〇〇気圧ぐらい（大幅に）減圧しなければならないから（事故などを心配して）反対がかなり多かったです。

それは、既存の技術で対応することを前提にしているから心配になるので、新しい井戸の形式なり材質なりを検討すればいいのではないでしょうか。

※2　海底に掘削・設置した井戸の中の圧力を下げると、一定以上の圧力で出来ているメタンハイドレートが水とガスに分かれます。こうやって、ガスを取り出す方法

実際、井戸の鋼管自体は一〇〇気圧では潰《つぶ》れません。

青山　それは、井戸の中を一〇〇気圧、大幅に減圧すれば当然、周りの土砂などが圧迫してくるけれど、管はそれに耐えられるということですね。

成田　そうです。しかし一方で、その周りの土砂が管とこすれて生まれる摩擦力やいろいろな問題が出てくるのは間違いありません。

減圧法は自然のエネルギーをうまく利用する

青山　成田さんは「MH21」のコンソーシアムができる前の「非在来型エネルギー資源研究会」のメンバーでしたが、当時から減圧法でないとうまくいかないと思っていたのですか。

成田　そんなことはありません。減圧法がいいと判断したのは、「MH21」で開発した生産シミュレーター（「MH21」-HYDRES）で計算してみてからです。計算すると、減圧法で生産した場合、ガスの生産量が桁《けた》三つぐらい多くなったからです。

青山　非在来型エネルギー資源研究会は、電力会社やガス会社もメンバーだったそうですね。

成田　そうです。電力会社やガス会社、合計八社から資金提供を受けて、エネルギー総合工学研究所（※3）を通じてMHの研究調査をしました。

青山　そのときは、MHは資源にできないという結論だったのですか。

成田　いや、結論は出ていません。地質学の専門家が多かったため、（生産開発の専門家などは少なくて）アメリカのDOE（エネルギー省）の英文レポートをレビューする（論評する）感じでした。それから、ODP（※4）のデータも出ていたので、またそれをレビューするという形でやっていました。

青山　その範囲内の研究だったということですね。現場で研究したわけじゃない。

成田　そうです。減圧法を良く言いたいわけではありませんが、もうひとつ言わねばならないのは、減圧法はエネルギーを地層からもらう（合理的な）方法だということです。

減圧すると地層の温度が、例えば一三度から〇度まで下がります。なぜ温度が下がるかというと、減圧によって、一定の圧力下で成立していたMHが分解するとき、地

※3　経産省系の一般財団法人

※4　国際深海掘削計画。世界の海底を掘削し科学調査を行う、日米をはじめ国際社会の共同研究プロジェクト

層の熱が使われるからです。逆に言うと、海底下の地層が持つ自然のエネルギーをうまく利用した方法なのです。

だから、エネルギー収支比率（※5）なども一部の先生が言うほどひどいものではありません。

ただし、先ほど述べたように生産障害の問題や、井戸を仕上げるときの問題が出てくるのは事実です。そこはクリアしなければなりませんし、クリアできなかったら、もはやMHの資源開発は無理だということになります。

それこそ、「MHを〝ローカルエネルギー〟として使ってください」というレベルになってしまうでしょう。このため、次の海洋産出試験までに開発すべき重要課題として、出砂対策、生産障害対策、井戸内の圧力制御のための適切な坑内機器と流動解析などを技術開発課題として提案した次第です。

青山　成田さんの仰《おっしゃ》る〝ローカルエネルギー〟とは、地産地消エネルギーみたいなものでしょうか。

成田　そうです。「そこにブクブク出てきているから、使わなければもったいないよね」というレベルです。

ただ、それはそれで簡単な話ではありません。MHの物理化学を勉強するとわかりますが、メタンが出てきていても新たにＭＨができてパイプが閉塞すると思います。その点については工夫が必要でしょう。

もしＭＨの形だったら、分解してメタンガスを採るのにエネルギーが必要です。そこはなるべく自然のエネルギーを――例えば海底表面の熱を使うとか――うまく工夫しなければやっていけないでしょう。

プルーム捕集は現場で試そう

青山　私の研究対象は「メタンプルーム」です。毎年観察していると、一〇年以上も同じ場所から出ていることがわかります。放置しておけばメタンは温室効果ガスなので環境にも良くありませんし、それこそ地産地消で使えないかと考えています。例えば、大きな幕を張ってメタンガスを採取するなど、試す価値はあるのではないでしょうか。

成田　そういう特許をある、民間企業が取っていませんでしたか。

青山　取っています。テントの幕の会社です。

※5　ＥＰＲ。投入したエネルギーに対して、どれぐらいのエネルギーを生産できるかの比率。高いほど、その資源やエネルギー設備は有望

成田　たぶん青山さんが見ているプルームは、ＭＨができる暇がなくメタンガスの状態で出てきているものでしょう。もし時間があれば、ＭＨができて塞《ふさ》がってしまい、当然そこはＭＨができる温度と圧力の条件下にあるので、ＭＨができて塞がってしまい、プルームは出てこないはずです。それよりももっと力強く上昇するメタンガスがあるために、メタンと海水が接触してＭＨができる機会がなく、結果的にプルームができていると私は思います。

青山　そうですね。私と表現は違いますが、根本は同じです。

成田　しかし仮にプルームの中のＭＨまたはＭＨでコーティングされたメタンガスを集めようとしても、集める場所の温度がそれほど高くありません。海面からちょっと下がってきて数百メートルといったら、水温は四℃くらいでしょう。水深が五〇〇メートルよりも浅いとＭＨができない可能性がありますが、そこに到達するまでにきっとＭＨができて、（幕の中が）閉塞してしまうと思います。

青山　ここも、私と意見が違うところですね。

成田　そうですね。もちろん、それはやってみなければわからないことですが。

もうひとつあります。ガスが集まってくると浮力が相当かかります。軟らかい海底にそういう幕を固定化できるかどうかわかりません。海底のちょっと下に入ると泥層があるが、軟らかいところと硬いところがあるので、場所を選ばなければならないと思います。

軟らかい海底だと、幕を固定する力を支えきれず、幕ごと上昇してしまう可能性があります。そのため、工学的にきちんと計算して可能かどうか検証しなければならないでしょう。

青山　事前に充分シミュレーションして、現場で試してみる必要があるということですね。

砂層型生産挙動シミュレーション

成田　シミュレーションと言えば、生産シミュレータ（「ＭＨ21」－ＨＹＤＲＥＳ）のほかに、東海大学の先生にお願いして、管内流動中のメタンガスと海水の相互作用に関するシミュレーション技術を開発してもらっています。

ガス採取のための管はまっすぐなものだけではなく、曲がったものもあるので、ポンプの出入口を含めて、ガスが管のなかを通ったとき、どこでどうＭＨができて、どこにくっついて詰まるのかを研究してもらっています。

青山　それは砂層型ＭＨでも表層型ＭＨでも使える技術ですか。

成田　そうです。ガスとして生産するので、ガスと海水があるという意味では砂層型も表層型も同じです。

青山　なるほど。最近（二〇一三年）試験のあった渥美半島沖のデータもこのシミュレーションに反映されていますか。

成田　まだ充分ではありません。たった六日間の生産試験だったので、検証すべきデータがないのです。

青山　平成二八年度に再度ある試験（その後、平成二九年度にずれ込み）で、データは出るのでしょうか。

成田　今回使用しているシミュレータはトラブルがなくなるようにつくったものですが、逆にトラブルがあれば、そのデータをまた解析してさらに検証が進むでしょう。

水ポンプの出入口、とくに出口は圧力が高いので、そこにMHが再生成する可能性があります。本来は水だけが来てくれればいいのですが、そうはいかないし、水に溶存しているメタンガスもあるので、圧力が高くなる出入口でMHが再生成しないかという心配があります。

そのため、そういう坑内機器の設計のためのシミュレーション技術が必要ということで開発しています。

いまの委託先の開発課題のすべてが、私が設定して開発をお願いしたことなので、俯瞰《ふかん》的に見て全体として有効なのか、そして個々の技術が何のために必要なのかということは、一般的には知られていないかもしれませんが、全部が繋《つな》がっているのです。

青山　「ＭＨ21」の生産部門のなかで、仰ったようなシミュレーションをしているのですか。

成田　そうです。

このプロジェクトが始まるとき、一九九九年に東大の先生を中心に開発計画をまとめ、二〇〇〇年か二〇〇一年に開発計画の内容を公表して、それに基づいて開発の受け皿として「ＭＨ21」のコンソーシアムができました。ＪＯＧＭＥＣは資源量評価、エンジニアリング振興協会（※６）は環境影響評価を、我々は生産手法開発を担当するということで始めたのです。

従来の石油開発技術でできることはＪＯＧＭＥＣが担当して、新規の生産手法の開発は我々の仕事でした。つまり、どのように生産条件を決めるのか、そして生産のときにどういうことが起きるのかの検証を担当していました。

青山　ＪＯＧＭＥＣと産総研はある部分では被っているのですか。

※６　現・エンジニアリング協会。経産省系の一般財団法人

成田　それは、もう当然のことです。主にシミュレータがふたつあるので、それを使って我々がいろいろと予測したり、条件を決めたりしたものをＪＯＧＭＥＣに渡して、ＪＯＧＭＥＣがその条件下でやるという流れです。

青山　ＪＯＧＭＥＣの担当研究者にインタビューしたときに、生産試験のときに「フィールド（※7）が減圧されて（その場所のＭＨが）どう変わったのかがデータでわかって非常に勉強になっている」と言っていました。それはまさにこのシミュレータでやったものなのでしょうか。

成田　そうです。生産挙動（※8）を調べて、ＣＯＳＭＡというシミュレータも使って、地層の変形なども計算しています。細かい挙動（ＭＨなどを含む地層などの動き）の調査も入っているのです。

青山　現場のデータを使ってさらに検証していくということですか。

成田　まさにそれです。現場で得たデータが本当に理屈に合っているかどうかを、シミュレータを使って検証していくわけです。

初めて人工的につくったＭＨ

青山　成田さんの、もともとのご専門、つまりＭＨが発見され研究が本格化する前のご専門は何ですか。

成田　原子力です。とくに、線源化学（※9）です。ドクター（博士号）は北海道大学の原子工学研究室で取り、出身も北海道です。

青山　ドクターを取られたのは産総研がまだ「工業技術院」といっていた時代ですか。

成田　そうです。私がドクターを取って大学院を出たのは（米国）スリーマイル島の（原発）事故の後で、大学四年で卒業した人たちは原子力関連企業などに就職できたりしていたのですが、私がドクターを卒業した頃は事故の影響で原子力が下火になっていて、就職口がないと思っていました。

そんなとき、工業技術院のほうから「石炭から石油をつくるという石炭液化プロジェクト、ニューサンシャイン計画があるから、そこで解析などをやってくれ」とお声が掛かり、工業技術院に就職したのです。

青山　ＭＨの研究を始めたのは成田さんの個人的な考えからでなく、工業技術院のなかで「ＭＨのプロジェクトをやろう」という流れになったのですか。

※7　海底に掘った井戸の周辺
※8　井戸を掘ってメタンガスを生産するときの、ＭＨを含む地層などの動き
※9　放射線の発生源の化学的性質を調べる分野

成田　私がガスハイドレートに初めて出合ったのが、石炭液化パイロットプラントにおけるガスラインの閉塞トラブルでした。そのトラブルを解析するためにガスハイドレートという物質の研究を始めました。折よく、ニューサンシャイン計画「総合研究」の募集に提案し、採択されました。最初に三〇〇万円の予算がついたので、それで高圧容器をつくってＭＨの乖離《かいり》生成と解離、そのメカニズムについて研究を行いました。

青山　わずか三〇〇万円でできるなんてすごいです。つまり、実験室で人工のＭＨをつくったのですか。

成田　そうです。

ＭＨ研究の最初の頃はお金がなかったので、自動計器などなく、肉眼で温度と圧力の変化を追跡しました。高圧容器のため危ないので、私が一定間隔で計算値を読み上げ、遠くで実験補助員に記録してもらっていました。

青山　その実験成果はどこかで発表したのですか。

成田　三年に一度、世界会議の「国際ガスハイドレート学会」（ＩＣＧＨ）がありますね。第二回はフランスの保養地で開催されたのですが、その頃は海外に行く予算がなく、出席する研究者に代理で発表してもらったことがありました。その発表が最初です。ＭＨの生成速度についての研究成果でした。

青山　ああ、私はその先生にもインタビューしています。先生の研究室へインタビューに行ったら、産総研から持ってきたというMHをつくる機械がありました。

成田　それはまさに私がつくった第一号機です。石炭液化研究も高圧容器を使用しますので、その知見を参考にして作りました。

青山　わぁー。私は歴史に残る1号機を見たんですね。

成田　そうですね。MHはなかなか生成しませんでしたが、ある瞬間にパッと出来ました。出来たのはいいのですが、高圧容器の蓋《ふた》を開放したらMHが分解してしまうので、どうやって容器から取り出せばいいのか悩みました。それで、容器ごとマイナス一五℃くらいに冷やして、氷で固めてから蓋を開けました。出てきたMHは見た目が氷でしたがパチパチ跳ねていました。最初は取り出すことを考えないでつくったので、いざどうやって取り出そうかと、つくってから悩んだわけですね。

青山　まさしく、パイオニアの悩みですね。素晴らしい。

研究するからには生産に結び付けなければ

青山　先ほど、最初はわずか三〇〇万円の予算だったという話もお聞きしましたが、あらためて、国民からいただく予算のことをお聞きしたいです。

ちなみに、わたしたちのところには一円の予算も来ていないです。

いま、表層型ＭＨの予算は資源エネルギー庁からＪＯＧＭＥＣに下りて、そこから産総研にくるのですか。

成田　いいえ、エネ庁から直に産総研の別のグループにいっています。ＪＯＧＭＥＣは介在しません。

青山　東大理学部に「表層型ＭＨ調査をやりますか」という話が来たときに、成田さんのところにも同じ話が来たけれど成田さんは断ったと聞いています。事実ですか。平成二五年度のことです。

成田　産総研のＭＨ研究センターとしてはやらないと断りました。当初の「メタンハイドレート開発計画」でも、「国の計画として砂層型ＭＨをターゲットにしている」と明記し、二番目として「その他」を挙げているからです。

「その他」というのは表層型ＭＨやノジュール（団塊）型ＭＨを想定していましたが、研究開発者のモラルとして、まずは砂層型ＭＨをきちんと評価しないと次に進めないというのが、ひとつありました。

また、表層型ＭＨについては当時まだ実用化に繋がる生産技術の見通しがなかったので、経産省のやる仕事ではなく、文部科学省の仕事だろうというのが私の思いでした。
生産技術が確立したら表層型もいずれ経産省の仕事になるでしょう。
しかし当時はまだ、見通しもまったくないのに、ただ調査だけするというのは考えられませんでした。表層型については、三年間で調査結果が出されています。

青山　その成果をどう思いますか。

成田　けっこう緻密にいろんなことがわかったように思います。ただ、生産するという観点からは得られるものは多くありません。
先日、表層型の調査を行っている研究者に、「せっかくだから機械的特性や、生産に繋がるような実験をやったらどうか」という話をしました。私は退職してしまったのでわかりませんが、たぶん少しは進捗していると思います。

青山　理学的なデータは集まってきてはいますが……。

成田　そう！
経産省の仕事であるからには生産に結び付かないといけない。ところが、そういうセンスを持った方は少ないです。
「生産する」という観点から表層型ＭＨの開発に取り組まなければ、「生産の見通しが立たないものに、なぜ大金をかけて調査したのか」という話になります。

青山　この三年間は一応、資源量評価をするということでしたが、資源なら工学的アプローチもするべきだったのではないですか。

成田　その通りです。現場でＭＨを分解したり、分解特性を調べたりくらいはしていただきたかった。

集大成としてメタハイ生産技術のマニュアルづくり

青山　表層型ＭＨについてですが、この後どうなるのでしょうか。

成田　経産省がどう考えているかはわかりませんが、経産省がやるからには生産に結び付く調査になるものと思います。

その際、生産についていろいろなアイデアを出し合って、工学的に生産が実現できるのかどうかなど、色々な観点からそれを一つひとつ検証していかないといけないでしょう。そうするなかで、ある程度良いアイデアが絞られてきて、ようやく実際の生産に至るという流れになることを期待しています。

もし表層型ＭＨも、企業群から開発の意思を示せば、エンジニアリング会社からこれまでにないアイデアも出てくると思います。

青山　成田さんは定年退官後、いま何をしていて、これからどのようにＭＨに関わるつもりなのか教えていただけますか。

成田　私は一九九二年からＭＨの研究をやっているので、考えが古くなっている可能性もあります。

より優れた生産技術を完成させるためには、若い新しい人たちに新しいアイデアでＭＨ研究に取り組んでもらおうと思い、身を引きました。

産総研を辞めてから、石垣島や西表島などを旅行して楽しんでいましたが、そろそろまた何かやってもいいかなと思い始めてきたところです。

青山　いままでと立場を変えてＭＨに関わることも考えているのですか。

成田　それもいいかもしれません。

実は二〇〇一年から始まったこのプロジェクトの技術集をつくろうと思っています。ほとんど「ＭＨ21」の話となるはずです。

熱伝導率（※10）などの特性を測る方法や、ＭＨが生成解離するメカニズムや動的なシミュレーション技術などを、後進たちがきちんと理解できるようなパッケージにしたいと考えています。

※10　ある物質において熱の伝わりやすさを示す値

青山　私が昔、使っていた「海洋開発指針」のようなものですね。
成田さんのいままでの知見を若い研究者に伝えるためにも、ぜひつくっていただきたいです。

対論を終えて――
MHを基幹エネルギーとして、生産手法を確立させる志

成田さんは、技術集をつくる計画とのこと、完成が待ち遠しいです。そして「MHを基幹エネルギーとして考える」と仰いました。この考えと志を尊重、評価しつつ、わたしには違う考えもあります。「地産地消」です。

例えば、新潟県沖の表層型MHから採れた天然ガスを、新潟県内の天然ガスで動くバスの燃料に使うということです。天然ガスの移送のコストがかから

日本海のMHから採れた天然ガスで走るバス

ないし、「国産資源、なかでも地元資源のＭＨで動いている」と県民、国民、そして世界へ知らしめる効果もあります。天然ガスバスを動かすことに限らず、地域で燃料として消費するという考えが「地産地消」です。

砂層型メタンハイドレートの研究開発のステップは確実に上がっている

国立研究開発法人産業技術総合研究所（産総研）メタンハイドレートプロジェクトユニット代表の天満則夫さん（工学博士）にお話をお聞きしました。

天満則夫さんは、大学での専攻は物理探査など、海に限らない資源工学の出身です。熊本大学で火山性微動などを研究されて、その後、京都大学大学院の芦田譲先生のもとで反射法（※1）の精度向上に関する研究をされていました。一九九〇年に産総研に入ってからは、地熱開発のプロジェクトに携わり、二〇一五年四月から産総研の創エネルギー研究部門で副研究部門長として活躍中です。

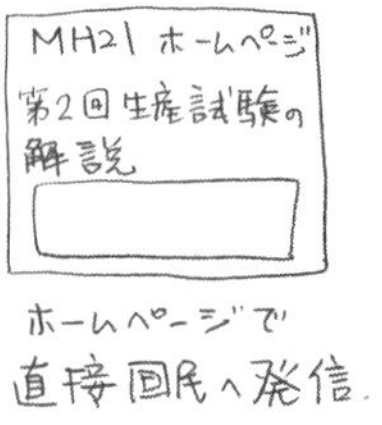
MH21 ホームページ
第2回生産試験の解説
ホームページで
直接国民へ発信.

下積みの段階で予算が付いてもムダ

青山　砂層型メタンハイドレート（ＭＨ）の予算は、石油天然ガス・金属鉱物資源機構（ＪＯＧＭＥＣ）から下りて産総研に来るのですか。

天満　ＪＯＧＭＥＣと産総研が経済産業省から受託する三者契約になっています。

青山　いろいろな分野の研究者と対論を重ねてきて、「もう少し予算がほしい」という声が複数あります。そこで「逆提案で予算獲得はできないのですか」と聞きますと、「そういうことができる雰囲気ではない」と仰《おっしゃ》る人もいました。

経済産業省資源エネルギー庁の前の資源・燃料部長（現在、経済産業省商務流通保安審議官）である住田孝之さんのところにいってそれを聞いてみたら、「ウェルカムだが、そういう声は届いていない」という話をしていました。どのように予算を分けているのですか。

天満　まず予算の規模について申し上げますと、予算が沢山《たくさん》あれば研究が飛躍的に進むかというと、そういうわけではありません。研究は地道に進めていって、色々な要因があると思いますが、ブレークスルーが起こったりして、さらに研究が大きく進む

※１　反射法地震探査。人工的に発生させた振動、すなわち弾性波を下方に出して、それが地下境界面で反射して地表へ戻ってきたところを地震計で捉まえて解析し、地下構造を解明する

時期に研究機器や実験等々で色々と必要となるでしょう。「予算があったらいいな」と思いますが、対照的に、下積みの段階で大きな予算があっても、折角の予算を有効に使えないことになる可能性があります。

国のシステム上、予算を要求するのは前年度なので、効率的に予算を付けるのはなかなか難しい面があると思います。しかし、研究者の立場としては、例えば五年くらいの複数年で中長期的な予算を付けてもらい、そのなかで研究計画を立ててメリハリをつけてやり繰りできるというのもひとつのアイデアなのかな、と思います。

青山　サイエンティフィック（純粋な意味で科学的）な研究には、単年度予算は合いません。

天満　そういう面はあるかもしれません。成果は出そうと思って出せるわけではなく、地道な積み重ねが必要で、お金よりむしろ時間やマンパワーが重要になります。ブレークスルーできそうな時には予算があればいいのですが、必ずしもそううまくはいきません。

青山　普通、そんなにタイミング良くはいきません。

天満　青山さんの仰ることはわかりますし、研究開発の難しいところかと思いますが、いまの制度と研究の流れを考えると簡単ではありませんね。

青山　一般の方からすると、研究内容に対して予算が適切かどうかはわかりません。億を超えるともうわからないでしょう。ＭＨの開発に年間一〇〇億円というのは、研究者の立場ではひと桁《けた》少ないと思うのですが、一般の立場からは「砂が詰まって五日で火が消えたのに一〇〇億！」というイメージになってしまいます。

みなさん、守秘義務といってしゃべりませんが、それでは胡散臭い印象を世間に与えてしまうので、できる限りオープンに発信したほうが理解を得やすいと思います。どうでしょうか。

天満　話せることをオープンにするのはいいのですが、受け手に対して発信したいことが十分に伝わらないこともありますので、伝達の方法を考えないといけないのかもしれません。直接、顔の見える状況で話をすることで、比較的、こちらが伝えたいことが正確に伝わると思いますし、相手の知りたいことも適切なかたちで話すことができます。

メディアを介した発信の場合には、時には一部分にのみフォーカスされた内容になって、全体像がわかりにくくなることもあるので、そこはバランスだと思います。公にできる情報は開示したほうが問題点もわかってくれるかもしれませんが、伝達方法によるかと思います。

青山　開発の意義から話せば、国民もわかってくれると思います。「国内の資源はMHがあれば大丈夫」などと言ってしまっているので、「本当かな？」と思われています。だからこそ「モノにならないかもしれない」という異論の存在まできちんと説明しないといけないと思います。

天満　その通りです。そこまで十分に説明できると現在の研究開発の進み具合も理解してもらえると思いますが、限られた時間内で全部は伝えられていないかもしれません。

そういう意味でも顔が見える状況でフランクな雰囲気のなかでやりとりして、初めて伝わっていくのではないかと思っています。時間がかかると思いますが、地道に頑張るしかないと思います。

青山　マスコミは全部、ネガティヴ情報で流します。そもそも記者が実態をちっとも理解していません。

天満　ネガティブかどうかは、正直、よくわかりませんが、注目されやすいフレーズを断片的に切り取って流すことはあるのかもしれません。正確にきちんとした伝達方法を心がければ誤解も減るのではないでしょうか。情報を正確に伝える場があるということは大切だと思います。

青山　資源エネルギー庁の記者会見などはいつも何か隠しているように見えます。都合の悪いことを言わないので、記者もそこを突っついてマイナス面の情報を流すのかもしれません。

――国内資源は開発だけでなく、その技術を持つことこそ大切

青山　「MH21」はフェーズ3で終わりますが、今後、産総研の立ち位置はどうなるのですか。

天満　いまの国のプロジェクトでは、平成三〇（二〇一八）年で商業化のための基盤技術の整備を行い、三〇年代後半に民間主導のプロジェクトへ繋《つな》げていくという大きな流れになっており、そのために産総研として貢献したいと思っています。

青山　国民は間もなく実現できると思っていますが。

天満　商業化に向けた研究開発の状況などが、十分に伝わっていないのかもしれません。

　産総研としても「平成三〇年でプロジェクトが終わったからMH開発も終わり」ということにはならないと思います。現在の「プロジェクトユニット」という組織はバーチャルですが、国のプロジェクトを実施するための体制になっていると思います。

産総研として、平成三〇年度以降も研究開発に注力し、民間主導のプロジェクトに繋げられるように色々と貢献していきたいと思います。

平成三〇年度以降は、組織の形が変わる可能性もありますが、ＭＨの商業化に向けて推進していけるように頑張りたいと思います。

青山　天満さんとしては、ＭＨが実際に資源として使われる流れがうまくいくと思いますか。そもそも資源として使えるものだと思いますか。

天満　いまは砂層型ＭＨを対象に研究していて、出砂の問題などＭＨ特有の問題が見えてきたりしています。研究開発のステップは確実に上がっ

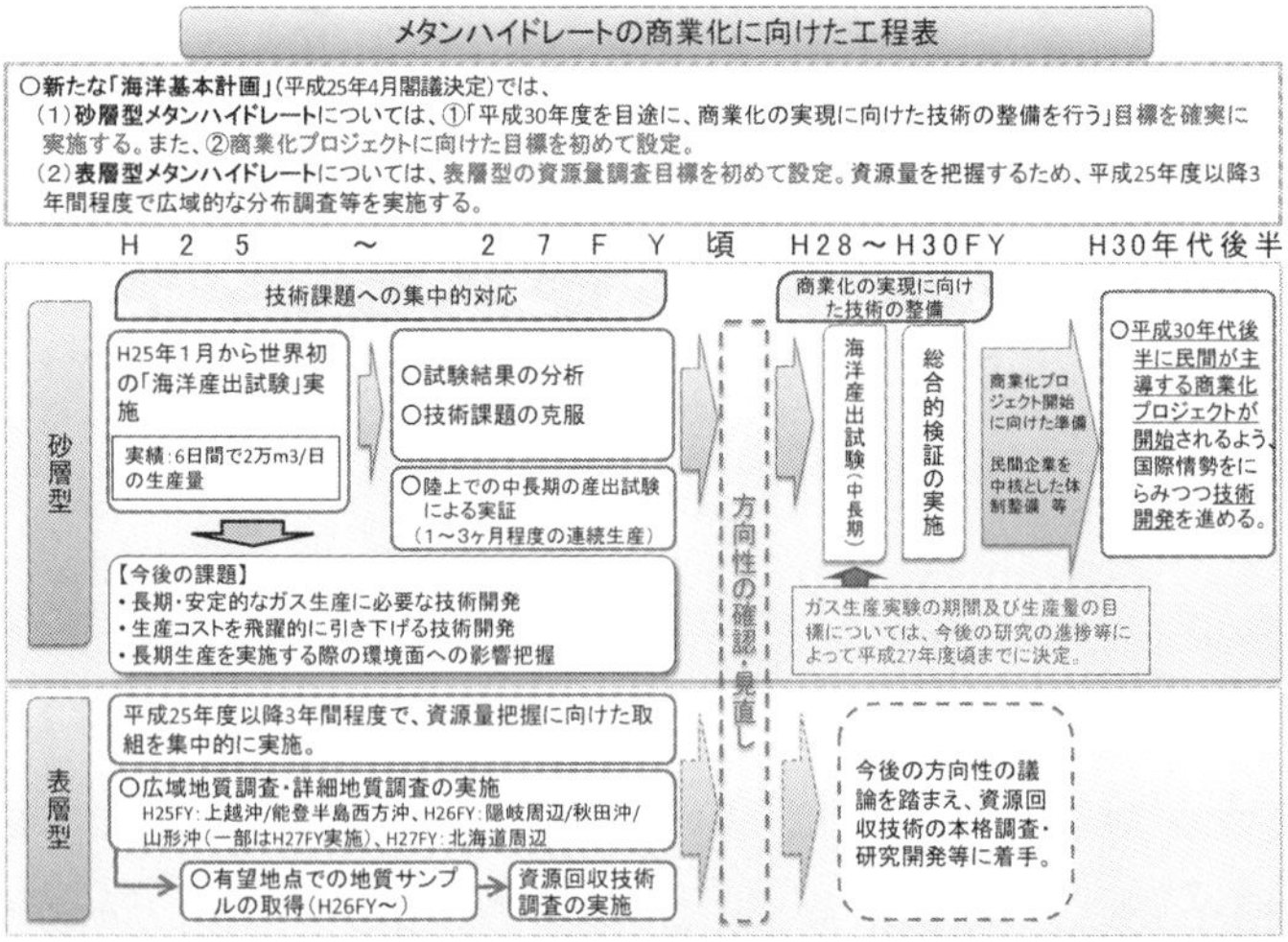

【海洋エネルギー・鉱物資源開発計画(平成25年12月24日経済産業省)より引用】

ています。

だから実用化はできるだろうと思っています。

平成三〇年までにどこまで達成できて、それから民間プロジェクトへ移行できるかは、今後の進捗状況によります。いずれにしても、実用化まではいくと思います。

青山　採り出せるくらい、つまり資源として使えるくらいはＭＨがあるということですか。

天満　資源量も調査されていますが、何よりもＭＨ特有の技術を日本が持っているということが一番重要でしょう。日本近海に眠る資源に手を付けずに、各国に出向いて日本版メジャー、つまりＭＨを活用した国際メジャーになるという手もあるかと思います。国内資源の開発だけでなく、その技術を持つということがアドバンテージになるはずです。

産総研としては、その技術拠点になりたいと思います。ＭＨ開発を推進しつつ、その技術を送り出せる組織になれればいいと思っています。

青山　研究者や技術者も育てているのですか。

天満　ＭＨ研究センターの頃の話も関係してきますが、研究者の多くは任期があるプロジェクト研究員だったので、産総研外に出ていく職員もいます。プロジェクト研究員の任期中に、産総研の研究職に応募して採用される人もいますが、大学がいいというケースや、民間に就職する場合もあります。産総研という研究拠点があり、その組織のなかで頑張って研究を続けていける人、あるいは外でも活躍できる人を輩出していき、全体的に盛り上げていけるような人材育成の場となればベストだと思っていいます。

青山　天満さんはまだお若いのでこれから何年もリーダーですね。

天満　もう五〇歳で、そんなに若くないですよ。

青山　今後も同じ場所にいるなら、まだ一〇年以上はリーダーを務められるでしょう。元研究センター長の成田英夫さんという強い味方もいらっしゃいます。成田さんともじっくり対論していただきました。

天満　まだ慣れていないことが多いので、多くの方のご指導を賜りながらやっていきたいと思っています。

青山　まだ若いからいろいろ吸収できるはずです。一国民としても、ＭＨをよろしくお願いしたいです。

対論を終えて

これからのMH生産技術開発の牽引者のひとり――

予算が多ければ成果が早く出るわけではないこと、地道な積み重ねが必要であることが天満さんとの対談で、あらためて実感として分かりました。

産総研は、MHに関する研究者の人材の輩出に努力していることも分かり、安心しました。人材輩出のための人件費に対して、政府の予算が続くことを望みます。

それから、マスコミへの情報伝達方法について、誤解を生むことがあるとの指摘でした。解決方法として、マスコミを通さず、例えば「MH21」のホームページで直接、一般国民にわかりやすく、開発経過を報告するのがいいと思いました。そうすれば誤解のリスクは減ります。国民も納得してくださいます。

技術の枠を官から民間に渡す

産総研の長尾二郎さんにお話を聞きました。

長尾二郎さんは、北海道大学電子工学科で省エネのひとつである熱電変換という研究をしてマスター（修士課程）までいって、産総研に入ってからもその研究を続けました。半導体物性という小さな世界の研究です。

二〇一七年三月までは、産総研の創エネルギー研究部門で総括研究主幹として活躍し、二〇一七年四月より、産総研北海道センター所長代理（北海道センター産学官連携推進室長および創エネルギー研究部門総括研究主幹の兼務）となられています。

長尾さんは、「ＭＨ21」のなかの生産手法開発グループに所属していました。このグループは、ふたつの目標があります。ひとつ目はＭＨをどう地層内で分解させて取り出すか、その効率的な手法を開発すること。ふたつ目は、計算でＭＨの分解を予測するシミュレータの開発、長尾さんはその元締めをやっていました。

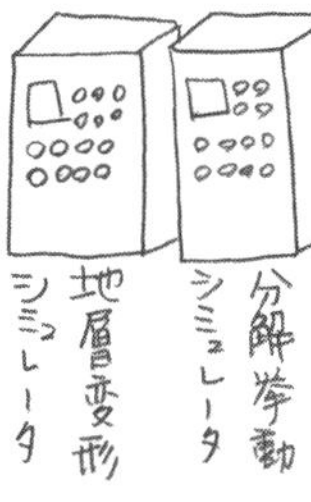

私は長尾さんのお顔を見るたびに、バイオリニストの葉加瀬太郎さんを思い出します。バイタリティ溢れる、科学の世界の名物スターみたい、かな？

いまは車のF1開発のようなもの、いずれ技術は民間に

青山　減圧法（砂層型ＭＨが海底下の低温・高圧で安定状態にあるとき、その圧力を下げてＭＨを分解させ、メタンガスを取り出す生産手法）について、あらためてお聞きします。減圧すると周りのフィールドに変化が出てきますよね。

長尾　はい、ＭＨが分解していきますからね。

青山　それもシミュレーションするのは可能ですか。

長尾　できます。

産総研にはふたつのシミュレータがあります。ひとつは分解挙動の解析をするMH21-HYDRESというシミュレータ。減圧法を適用したとして、何日経ったらどれくらい分解しているか、分解が進んでガスがどれくらい出るかを見るシミュレータです。もうひとつは、COTHMAという地層変形シミュレータです。ＭＨが分解していくと、いままでＭＨがあったところがなくなるので（地層が）潰れて圧密《あつみつ》（地盤の上に

荷重がかかって土の体積が収縮し、地盤沈下していく現象）します。このとき海底面がどれくらい沈むのかなどを計算することができるシミュレータです。

青山　それは、渥美半島沖の現場で測定した時に得られた実際のデータを同化させて（活用して）、シミュレーションするのですか。

長尾　もちろん、しています。地層がどう変形するかを見ていると、その実測データとシミュレーションの結果が合う、合わないが出てきます。合わなかったときはシミュレーションのどこが悪かったのかを調べられるわけですね。

シミュレーションはただの計算です。シミュレータに入れる値を変えれば結果が変わります。だから実測や実験で得られたデータに合わせて、条件の設定を変えていけばいいわけです。

データがあればあるほど、シミュレータの計算結果がどんどん良くなっていきます。それをまさしく研究しているところです。

将来、ＭＨが商業化されたときには、民間にそのシミュレータを使ってもらうのが目標です。

青山　一般の方々はＭＨが明日にでも使えるイメージを持ってしまっています。でも実際は、何度も実験して、シミュレータを現実に近づけていく段階が必要です。それを何とか一般の人たちにもわかってほしいのですが、どう思われますか。

長尾　適当なたとえかどうかわかりませんが、自動車のＤＯＨＣエンジンやディスクブレーキなど、複雑であったり性能向上を図る技術は、自動車レースＦ１などで開発されたものだったと思います。いまは普通の技術も時間とお金をかけて開発してきた歴史があります。Ｆ１は新しい技術の試験場です。ＭＨの開発は、いまはまさしくその試験をやっている段階です。

青山　砂層型ＭＨについて、大規模な貯留層に井戸を建てれば、それなりのガスが出てくると推察されますが、それは、山口県の岩国や千葉県の茂原のように地産地消するイメージですか。それとも全国的にパイプラインで繋いで使えるイメージですか。

長尾　南海トラフの規模なら全国的に使えるのかな？　ＭＨがどの地域にどれだけ分布しているかきちんとしたデータを取り続ければ、地産地消に留まるか、それとも全国で使えるかが分かるでしょう。

　初めに商業的に生産する場所については色々意見が出てくるかもしれませんが、まずはＭＨが多く分布している場所からやっていけば、一度は商業化ベースまでいけると信じています。

青山　私も知らなかったのですが、油田でも掘るときにはその場所に適した装置をカスタマイズすると聞きました。

長尾　その通りです。

まず一回試験をしてみて、どんな技術的な課題があるかを調べて、技術課題が見つかったら、次はその課題を克服します。その際、その場所がどういう地層かなどを調べておくと、技術課題の原因に合わせた技術課題への対策を打つことができます。最終的にそこでＭＨの生産をするということになれば、地層も分かって試験結果もあるので、あるところは石油開発のものを使い、あるところはＭＨ特有のものを使うなど、最適化しながら商業化に向けて進めていければと思います。

対論を終えて——

民間へ主導権を移すための準備

産総研にはＭＨの分解挙動シミュレータと地層変形シミュレータがあり、実験で得られたデータを同化させて、どんどん現実に近い計算結果にしていき、将来商業化されたら、これらシミュレータを民間に使ってもらうのが目標だと分かりました。着々と計画が進んでいて、安心しました。

環境影響評価は前進している

「ＭＨ21」で、環境影響評価のひとつである「生産するときに地層がどう変形するか」という課題を、測定機器の開発担当研究者である横山幸也さん（応用地質）に聞きました。

横山さんに初めてお目にかかったのは、数年前のアメリカ地球物理学連合（ＡＧＵ：American Geophysical Union）でした。

この学会は、毎年一二月にサンフランシスコで開かれている、地球物理をめぐる世界最大、世界最高権威の学会です。当時、独立総合研究所の社長・兼・首席研究員であった青山繁晴（現・参議院議員）がメタンハイドレート（ＭＨ）に関する「招待発表者」に選ばれて、口頭発表をしました。発表後に、横山さんが声を掛けてきてくれました。学会に奥様もご一緒にいらしていたのが印象的でした。

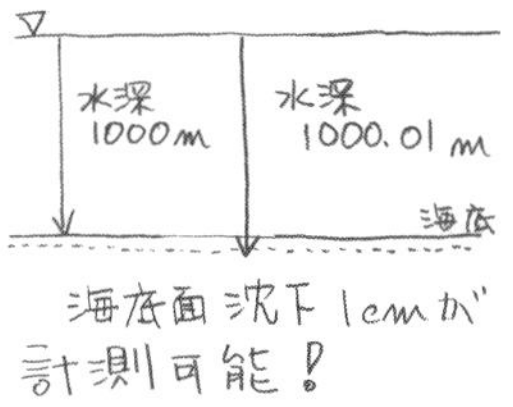

海底からMHを採れば地盤は沈む

青山　横山さんは「ＭＨ21」で、いつから環境影響評価を担当していますか。

横山　二〇〇三年からです。当時、経済産業省の委託先は産業技術総合研究所（産総研）、石油天然ガス・金属鉱物資源機構（ＪＯＧＭＥＣ）、一般財団法人エンジニアリング協会（ＥＮＡＡ）の三つに分かれていて、ＥＮＡＡが担当する環境評価技術に関する研究の一部を担当していました。

青山　横山さんはどのような機器を開発しているのですか。

横山　井戸を掘ってＭＨからメタンを生産する際に、地下のメタンをガス化して生産するので地盤の沈下が起こる可能性があります。

水深一〇〇〇メートルの深いところで地盤の傾きや変形を計測できる装置がなかったので、測り方から新しい考えを導入して装置を開発しました。

地表面で地盤の動きを測る場合は、不動点を確定させて、そこからの距離や高さの変化を測っていきます。しかし海底ではそれが難しい。そのため、絶対変位（建築学の用語。基準的な地盤の変化）を測るのに当時は加速度計を使いました。加速度計の原理は携帯電話やスマホに使われているものと同じものです。

モノが動くと加速度が発生しますが、それを測って二回積分すれば変位が分かる。その原理で、測定器のなかに正確な加速度計を入れておいて、常時継続的に地盤の動きを計測することをＥＮＡＡ時代にやっていました。その研究は終了して、最終的に論文にもなっています。

青山　いまでもその方法を使っているのですか。

横山　いまは使っていません。この方法では複数の地点に測定機器を置いて測るのですが、観測データが膨大な量になるため、後で解析するのが大変でした。そこで、少し考え方を変えて測定方法をゼロからつくり直すことにしました。

それは絶対変位にこだわるのではありません。海の底ということでものすごい水圧がかかっていることに注目したものです。水圧を正確に測ることで、一〇〇〇メートルの水深で一センチメートル程度の水深の変化が分かります。それによって海底地盤のわずかな沈下や傾きを測定できると考えられます。海水の満ち引き変化は一キロメートル離れてもほぼ同じであるため、リファレンス（参考データ）として井戸から五〇〇メートルくらい離れたところに置いた一台の計測器と、井戸の周りに置いた計測器との差分を取って潮汐のノイズをキャンセル（海水面の上下を解消）する方式で観測します。これは二〇一三年、渥美半島から志摩半島沖の第一回ＭＨ産出試験でも使用しました。

青山　水圧を測る機械の原理とは何でしょう？

横山　水晶発振式の圧力計を使っています。圧力計は、圧力によるたわみをひずみゲージで測るのが普通ですが、それでは測定範囲や分解能が足りません。今回のような一〇〇〇メートルで一センチメートル程度の差を見る用途には向きません。一〇の五乗分の一の分解能が必要だからです。水晶発振式だと一〇の八乗分の一くらいまで測れますので、いまはそれを使っています。

青山　それは一般的な技術ですか。

横山　いや、限られた分野で利用される技術です。普通はそこまで高い精度で圧力を測る必要がありません。これまでは海の地

土の透水性を測定する試験装置。数日かけて試験を行う

殻変動を測ったり、津波計として使われていたりしています。東北沖にも置いてあり、衛星通信で常時監視しています。

青山 二〇一三年のMH産出試験で使われたとき、一週間という短さでしたが、地層に変動は見られましたか。

横山 井戸にいちばん近く数メートル離れたところに置いていた機器で、数センチメートルくらいの沈下が生じた可能性がありました。井戸から離れたほかの地点はほとんど動いていませんでした。

私は担当していないので最新の知見はわかっていませんが、過去のシミュレーションでは、解析の条件にもよりますが一か月間生産をしたら数十センチメートル程度沈下する可能性もあると予測されていました。しかし実際は生産期間も短かったため、今回はそれよりは少なかったものと思われます。

青山 事前のシミュレーションと比べて数値が大きくなってしまったら、いったん生産を止めるのですか。

横山 もし沈下が一メートルや二メートルになれば、海底生産設備の損傷につながるので、そういうことの判断材料に使われるのだと思います。

青山 測定データは、海上の船などで常時、見ることができるのですか。

横山　いまは技術面での必要性が小さいので、データロガー（記録計）に貯め込ませていています。ただ、機器の設置されている周辺海域に船を持ってくれれば、音響通信が可能なので測定データを船上で受信する方法はあります。次の第二回産出試験では、重要なポイントデータを音響通信で取得できればと思います。

青山　この測定法は、海底の油田やガス田でも使われている技術ですか。

横山　油ガス田でも沈下例はありますが、沈下自体の生産への大きな影響は確認されず、センサー等を用いた計測はなされていないと思います。MHはまだ事象自体がわかっていないため、その計測技術が必要なのです。

青山　MHが商業化された場合、地層変形を常時監視できる仕組みをつくらなければいけないのでしょうか。

横山　今後のデータ次第では、その必要性も出てくる可能性はあります。具体的な方法として、衛星通信ではなく海上のブイに送られたデータを直接地上基地に送信できればリアルタイムの監視も可能になりますが、大がかりな装置が必要になります。

データをリアルタイムで海上に転送するには、膨大な費用が必要

青山　データの取り出し方も「MH21」のなかで開発する予定なのですか。

横山 具体的には考えていませんが、技術面での必要性が高くなければ、開発までに至らないでしょう。

青山 誰がその順位を決めるのですか。

横山 まずは、経産省が委託先（産総研やJOGMEC等）にヒアリングしつつ、内容を検討して予算案を作成し、最終的には国会で予算配分が決められるのだと思います。

青山 環境影響評価は重要だと思うのですが、優先順位は上のほうですか。

横山 いちばん重要なのは「生産」だと思いますが、環境影響ももちろん重要です。MH開発で大きな地層変形が生じれば海底地すべりの発生する可能性もあります。安全側の観点から万が一を考慮すると、大きな地層変形が生じた場合の海底生産設備の損傷の可能性や二酸化炭素より温室効果の大きいメタンガスの海水中への拡散の可能性を考慮する必要もあります。そういう意味では優先順位は高いと思います。

青山 データをリアルタイムで海上に転送するシステムですが、その予算要求額はだいたいどのくらいでしょうか。

横山 うーん、ハードから開発する必要があるので、少なくとも億単位にはなるでしょうが、一〇億円まではいかないと思います。

いままでの開発経験からいうと、試作実験する必要がありますが、実験には船を使うので、その傭船《ようせん》費が開発費と同じくらいかかります。開発するための行為と、検証するための行為と同程度かかるわけです。それで億単位となってしまいます。

青山　私が感じているのは、「MH21」の予算は「どうせやるなら予算をもっとつけないといけない。現状の予算額は中途半端なのでは？」ということです。

予算があれば短期間にできるかというと、そうではないのでしょうが、もう少し予算を増やせば環境影響評価にも予算が多少なりとも回ってくるわけで、そうすると環境影響の常時監視システムを構築できると思うのですが。

横山　技術的な必要性は別として、現場で環境監視システムの開発を担当している側

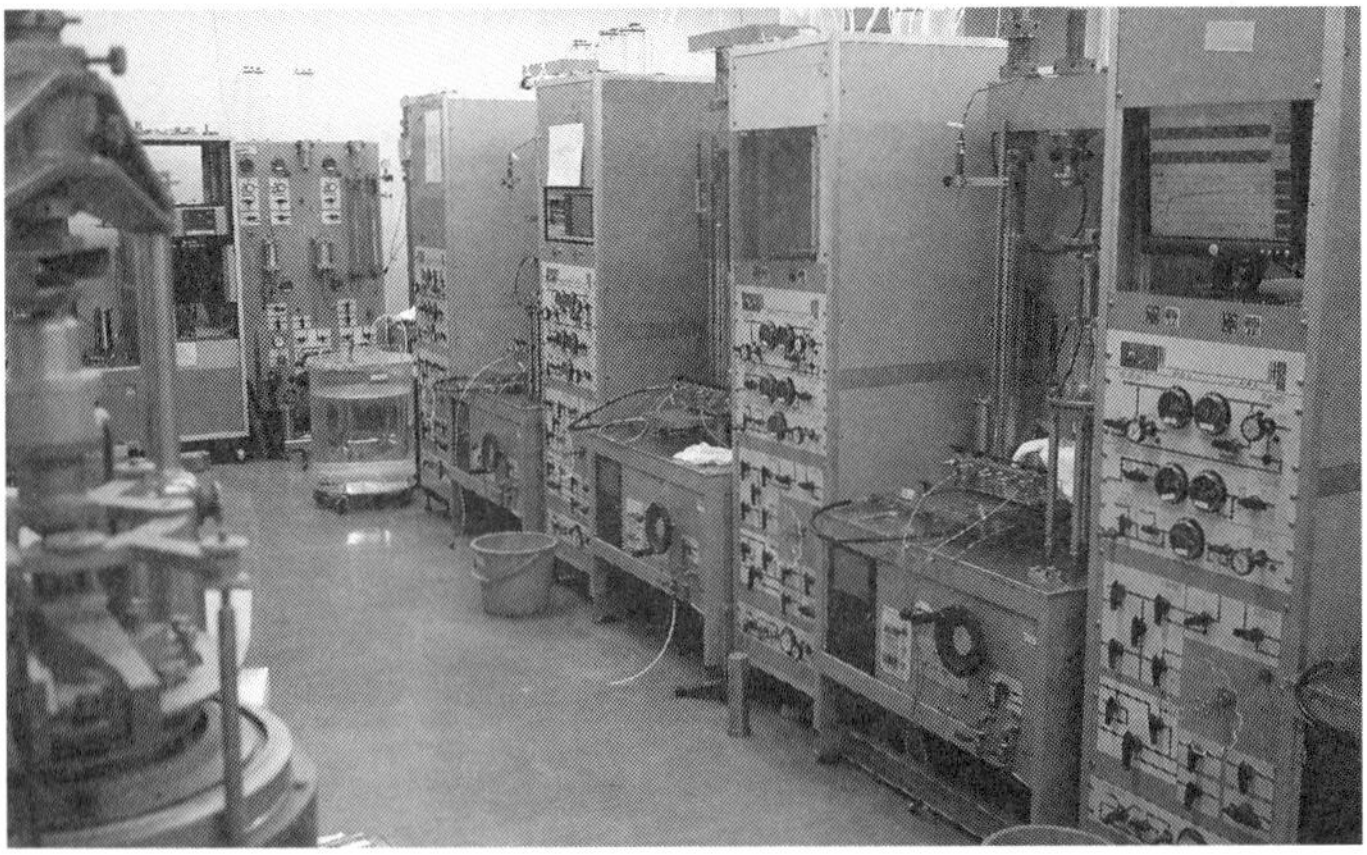

岩石の物性（強度や硬さ）を測定する試験装置。深さ方向の地盤状態に合わせた試験ができる

として興味はあります。

青山　予算を決める政府（＝資源エネルギー庁〔エネ庁〕）は、技術面の詳しいことが分かっていないからか、国が「予算を下げる」と言うと軒並み一律に下げてしまいます。それがおかしい！

環境影響評価のリーダーは、ＪＯＧＭＥＣの偉い人たちを経由して、予算配分を決める人にもっとアピールしたほうがいいのではないかと思います。それから、ほんの少し計画が失敗するだけで、国民は「ダメなのか」「税金のムダ遣いじゃないのか」と思ってしまうので、経産省がもっと国民に分かりやすく説明するべきだと思います。

横山　いま何をやっているのかという情報をどんどん開示することは重要でしょう。

青山　「メタンハイド

岩盤の物性（強度と硬さ）を測定する試験装置。直径30cmのサンプルで試験する

レート」という名前を知ってもらうまでに、凄く努力が必要だったので、それだけでも進歩です。だけど、そこに止まっているわけにいきません。

例えば、「砂層型ＭＨを採取するときに砂が管に詰まったけれども、このように改良しました」など、途中経過を丁寧に報告すれば、もっと理解してくれる国民は増えるのではないかと思います。

横山　難しい問題をやさしく説明することは重要と思います。

砂層型の環境影響評価の技術は表層型にも使える

青山　砂層型ＭＨの圧力を減らしたら、どうガス化が広がるのかについては、シミュレーションで結果が出ていますか。

横山　私は担当していませんが、いろいろ条件を変えたシミュレーションがなされています。ただ、海で実際に砂層型ＭＨを減圧して分解するときは、井戸の周りから分解が広がっていくと思いますが、それがゆっくり進むのか、一気なのかはわかりません。実験レベルで砂層型ＭＨの減圧を試みたときに、ＭＨの分解がどのような広がり方をするのかを調べています。これも研究論文として公表されています。

青山　海底下では、砂粒の大きさが大きくなれば砂粒と砂粒の間の隙間の大きさも大きくなり、ガスの浸透性も違ってきます。だから、減圧する圧力も変える必要があると思います。砂粒の大きさもシミュレーションの条件のひとつとして考え、色々な粒径でシミュレーションしていますか。

横山　砂粒が大きいほうが砂粒間のスペースが出来るので、ガスと水の浸透性が良くなります。我々が実験で使っているのは「豊浦標準砂」という砂粒のかなり均一な砂です。渥美半島から志摩半島沖のMH層はそれにわりと近い粒径なので、実験室レベルの材料には適していると思います。

青山　なるほど。分かりやすいですね。

ところで、砂層型MHに関する環境影響評価の技術は、表層型MHにも使えるのでしょうか。

横山　使えるものもあると思います。表層型MHの生産手法はよく分かりませんが、土木的な方法で表面のMHを採掘するなら、採掘量にもよりますが、大規模に掘削することになれば当然その周辺の地層は変形します。また、海底でハイドレートを分解してガスを生産する場合は、生産箇所の周辺でガス漏洩を主体とした環境影響を計測する必要があると思います。

青山　本来的には生産手法の開発と環境影響評価とは、同時にやる必要があるのではないですか。

横山　その通りで、現在のプロジェクトも両方をセットにしてやられています。

青山　もう一度確認したいのですが、砂層型ＭＨを対象とした環境影響評価手法を表層型ＭＨに転用ができるということですね。

横山　生産手法次第では、活用できる手法もあるとは思います。

青山　それは心強いです。

ＭＨの実用化の時期はいつになるのか？

青山　予定では二〇一八年、遅くとも二〇二〇年くらいにはＭＨを実用化したいと政府は言っていますが、現場で研究している立場にいらっしゃる横山さんから見て、実用化は可能と思われますか。

横山　平成三〇年代後半頃に商業化プロジェクトの開始を目指す、という国の目標があったと記憶していますが、自分も、実用化には時間がかかると思います。二〇一七年頃には砂層型ＭＨの第二回生産試験を予定されていますが、商業生産に向かうのは、少なくともその試験がうまくいってからの話になると思います。

多くの場所で安定的に生産できるようにして、これまでかけてきたエネルギーよりも生産するエネルギーのほうが上回らないといけません。関連する石油業界の民間会社が生産に本気にならなければいけないでしょう。

青山　民間会社は利益にならないとやらないということですよね。

横山　その通りと思います。生産技術が確立するまで政府の援助が続かなければ、商業化に移行できないと思います。

青山「遅くとも二〇二〇年商業化」という高いハードルを設定していると、商業化できなかった場合、国民にどう説明するのかという話になります。国民に対してもっと丁寧に、頻繁に説明すれば分かってもらえると思うのですが。

――日本海にボコボコ、出ているMHの粒を環境評価に活用！

青山　私はガスプルームを対象にしてその音響データを取っていますが、それについて伺いたいです。

砂層型ＭＨの環境影響評価チームが、メタンガスが海中に漏れたときの環境への影響を評価していますが、日本海側のＭＨは常にプルームとして海中に漏れているので、そこを環境影響評価の調査エリアにしてはどうでしょうか。

横山　私は担当していませんが、メタン濃度を計測するチームが、自然にメタンガスが発生している日本海のあるエリアで計測器の性能チェックを計画していましたが、スケジュールが合わずに見合わせました。

青山　以前、「ＭＨ21」では、わざわざ高圧低温の環境を実験室でつくり出そうとしていましたが、お金がかかるので自然にメタンガスが出ている日本海側でやればいいのにと思っていました。

横山　ドイツのキールにある公益研究機関（※１）に、高圧低温で人工的にメタン濃度の高い水をつくる室内実験装置があり、メタンセンサーの性能試験ができます。この基本的なテストと併せて現場での性能試験もできればいいですね。

青山　現場のデータに勝るものはありません。

横山　そうですね。自然にＭＨが見えるくらいに分布している海底があるのでしょうが、そこからボコボコとＭＨの粒が出ているのですか。

青山　直径三〜五ミリメートルくらいの粒径で、海底から温泉が湧き出すようにポコポコ出ています。湧出口は、一メートル四方に何か所もあるような感じです

横山　ポコポコと出ているのに、エコーグラム（※２）では柱（プルーム）が立っているように見えるのですか。

青山　そうです。平均でスカイツリーぐらいの巨大な高さがあります。日本海のプルームの環境影響評価をぜひやっていただきたいです。プルームは水深三〇〇メートルで消えます。消えるということは、メタンガスとなって海水中に混じってしまうからです。

横山　つまりメタンガスが溶けきって、プルームの先端には気泡がないということですか。

青山　そうです。だから、海水中のメタン濃度がプルームの先端部分だけ増えているということです。

大気中のメタン濃度はプルーム直上のほうが高いという研究発表もあります。プルームを研究対象にしていない人たちは、プルームを海底下にあるMHの単なる目印にしているだけです。プルームは研究対象として色々な可能性を秘めています。そういう意味で、私ももっと学術的に研究して論文を発表しなければいけないと考えています。

横山　なるほど。海上にセンサーを一〇〇メートル毎に置いて、多点で一定期間メタンガスの濃度を測れば、場所によって濃度の違いがわかるでしょうね。そういうもの

※1　GEOMAR（ドイツ研究センターヘルムホルツ協会）
※2　魚群探知機の画像

も測ってみたいですね。

青山　魚群探知機だと散乱強度（※3）が分かるのですが、水深三〇〇メートルあたりで一度、散乱強度が大きくなります。大事なポイントです。それは恐らくその深度でメタンが固体から気体に変化しているからでしょう。そういうことを、さらに科学的に深めて、計測していきたいです。

太平洋側でも和歌山県潮岬《しおのみさき》辺りにプルームが出ています。和歌山県の仁坂吉伸知事をはじめ県庁と連帯して県の漁業調査船「きのくに」を活用して調査しています。

海底に表層型ＭＨがあるのか、あるいは渥美半島沖からＭＨが漏れてきているのかは調査中ですが、いずれにしてもメタンの量を測っていきたいです。

プルームは和歌山県でも探せばもっとたくさんあるでしょうし、沖縄のほうでもいろいろ出ています。ただ、ＪＯＧＭＥＣは中国のことを心配してか、沖縄近辺の情報は開示していないようです。

プルームが出っ放しになっていることは、ふたつの意味で変えるべきだと思います。ひとつには、メタンプルームは自前の資源そのものです。捨て置くのは、あまりにももったいないですね。もうひとつには、メタンは地球温暖化効果が二酸化炭素の二五倍にもなるわけですから、自然状態で環境にずっと影響し続けているわけですね。これをわたしたちの手で、メタンガスが海水に溶ける前段階で捕捉して、それを燃料として使うべきです。

その方向で、私が准教授を務めている東京海洋大学と、それから新潟大学の福岡浩教授、九州大学の渡邊裕章准教授らと連携を強めているところです。

これも予算があればできます。エネルギー資源としてのMH実用化について、政府を日本海連合で後押しするという努力をしていますが、最近ようやく政府も積極的になってきて、なんとかプルームを採ってみようということになっています。

横山　なるほど。期待しています。

※3　超音波が反射して四方八方に散乱する強さ

1. 横山幸也、斎藤秀樹（2009）海底における地層変形のモニタリングシステムの開発:『地学雑誌』特集号、メタンハイドレート（Part Ⅰ、Ⅱ）、118(5)，pp. 883-898.

2. Yokoyama, T., Hoshino, M., Nakayama, E., Ono, M. and Saito, H. (2015) P-wave Velocity Monitoring during the Dissociation of Methane Hydrate Bearing Sand by using Giant Pressure Cell. The 11th ISOPE Ocean Mining & Gas Hydrates Symposium OMS (OMGH)-2015 Kona, Hawaii, Proceedings of the Twenty-fifth International Ocean and Polar Engineering Conference. pp. 77-81.

対論を終えて——

水晶発振で調べる精密な地盤変動

横山さんたちは、水深一〇〇〇メートルの海底で一センチメートル水深が変化したのが分かる精密な計測機器を開発しました。

この技術は、日本海側の表層型ＭＨ生産技術開発にも応用できる技術だと分かりました。

さらに、日本海のメタンプルーム湧出海域を、ＭＨが海中に漏れたときの環境影響評価の調査エリアとして使えること、メタンセンサーの性能試験もメタンプルームが出ている現場で実施できることも分かりました。

第三章

いよいよ使える自前資源の生産に向けて

メタンハイドレートから天然ガスを生産するのだから、それを運ぶパイプライン整備だ！

朝倉堅五さんは二〇一六年三月まで、建設コンサルタントの株式会社テイコクで社長、会長、特別顧問をされていました。テイコクは海のない岐阜県が本社の会社ですが、朝倉さんは「天然ガス研究会」を主宰されていました。

その研究会に、私が講演に行ったときからのご縁です。

朝倉さんは、現場の非常に豊富な経験が育んだ、いわば在野の科学者と言えるでしょう。

繋がっていない日本のパイプライン

青山　日本ではいま、天然ガスをほとんど輸入に頼っていますが、すでに国内にちゃんとしたパイプライン網はあるのでしょうか。

朝倉　ありません。二〇一五年四月、私は「国土強靭化総合調査会」（※1）で講演しましたが、そのとき申したことのひとつが、海外ではヨーロッパ諸国、アメリカ、中国、そして韓国にもパイプライン網があるのに、日本国内のパイプラインは途切れているということです。

例えば、京都府の日本海側で表層型メタンハイドレート（ＭＨ）からメタンガスを生産したとしても、いまはどこにも持っていけません。できるとしても、近場の火力発電所に持っていくぐらいです。

でも、パイプラインが整備されていれば、ガスを必要としている人のところまでガスとして持っていけます。これがガス自由化の本当の眼目になるべきです。

青山　なぜいままで整備が進んでこなかったのですか。

朝倉　それは至って単純なことで、国産資源がなかった、まさかあるなんて考えなかったからです。

秋田県や新潟県には天然ガスが多少あったので、パイプラインも若干整備されています。しかしながら、まともに運用できるパイプラインがあるのは新潟くらいで、ほ

※1　自民党の二階俊博現幹事長が、同党の政務調査会に設置した議員調査会。二〇一六年「国土強靭化対策本部」に格上げ

かのところはどこも使いものにならないでしょう。

そういう現実があるため、天然資源をパイプラインで送るのではなく、発電所まで輸送して発電に使うぐらいだということになってしまうのです。

いまのままだと、天然ガスで発電して電気としてエネルギーを運ぶ以外は何もできないということです。

青山　それに関連して、電力自由化についてお聞かせください。

朝倉　電気を供給するにもあまり長距離は効率的に運べないので、分散化ができたことはいいことでしょう。

ガスをなるべく需要地の近いところまで持っていって、そこで小規模に発電して、余った熱をその近辺で有効活用するということ。熱と電気と同じ事業者がやればもっと効率的に省エネに繋《つな》がると思います。

経済産業省も福島第一原子力発電所の事故でやっと目が覚めて、省エネルギー政策をまともに考えるようになりました。初期投資が大変ですが、再生可能エネルギーも推進するようになりました。再生可能エネルギーはいまのところ電気だけですが、小規模の熱量でもガスと合わせると、地方独自の仕組みができるのではないでしょうか。

ある方が、「関西電力も大阪ガスも関係ない自立したエネルギー会社をつくりたい」

と仰《おっしゃ》っていましたが、その通りだと思います。そのくらいの意気込みでやる必要があるのです。

いままでは官から民、民も大企業だけの縦の系列でやってきたから、おかしいことだらけでした。

青山　なるほど。

朝倉　それから、産業構造の問題もあります。普通はエネルギーを開発して、輸送し、卸売り、小売りがあり、エンドユーザーとして消費者がいます。

日本が特殊なのは、開発にあたるところが国際石油開発帝石株式会社（ＩＮＰＥＸ）、石油資源開発株式会社（ＪＡＰＥＸ）、新日本石油株式会社（日石）で、世界的に見たら規模が小さいということ。そして、輸入は、実際には大手電力会社やガス会社が直接やっているということです。

「地域独占」「総括原価」「供給義務」の三セットを持っているガス会社がいちばん力を持っています。

青山　海外ではどうなっているのでしょうか。

朝倉　エクソンやシェルなど、開発には大きな会社があります。輸入卸の会社もあり、小売りはガス会社があります。

海外では圧倒的に開発の力が強いです。韓国は輸入卸が強いのですが、彼らは小売りはやっていません。日本は輸入小売りがあって輸入卸がありません。輸入小売りだと自分のところだけやればよい。パイプラインがないと、輸入卸なんてできないから競争など起きようがないのです。

経産省の競争政策にあるように、三大都市圏のガスだけ、導管事業が二〇二二年にガス会社から分離されます。

例えば、東京ガスが分離して、「東京ガス・ガス供給会社」と「東京ガス・ガス導管会社」に分かれてホールディング会社になるでしょう。

東京ガス・ガス供給会社は他社と競争になります。東京ガス・ガス導管会社は他社のガスも引き受けて、どんどん運ぶことになります。そうすると、大阪ガスが東京近辺でやることはないままですが、我々、天然ガス研究会が提案しているパイプラインができると、首都圏にも大阪ガスのガスが供給できるようになります。

我々の提案したこのタイムスケジュール通りに、パイプラインをつくらなければと思っています。

青山　二〇二二年までにですか。あまり時間がないようですが。

朝倉　はい。パイプラインができるかどうかは予算次第です。

高速道路の真下にパイプラインを整備

青山　パイプラインは一キロメートルあたりどれくらい費用がかかるものなのでしょうか。

朝倉　パイプの径にもよりますが、一キロメートルで三億〜五億円くらいです。特殊な部分は八億円ほどです。かなりの金額になります。

パイプを敷設《ふせつ》する技術は国内にいくらでもあります。ただ、ヨーロッパなどは牧草地がメインで水田がないのも大きいです。水田には穴を開けられないからです。

そのため、欧米では一気に工事ができて、一日一マイルくらい進みます。日本は都市内の導管はせいぜい一日一〇メートルくらいで、お金もかかります。我々が「高速道路の真下」と言っているのは、少しは工事が早くなるだろうと考えているからです。

青山　高速道路の真下にパイプラインを敷設するのですか。

朝倉　道路の下や脇など、なるべく自動車の荷重がかからないところに敷設すれば

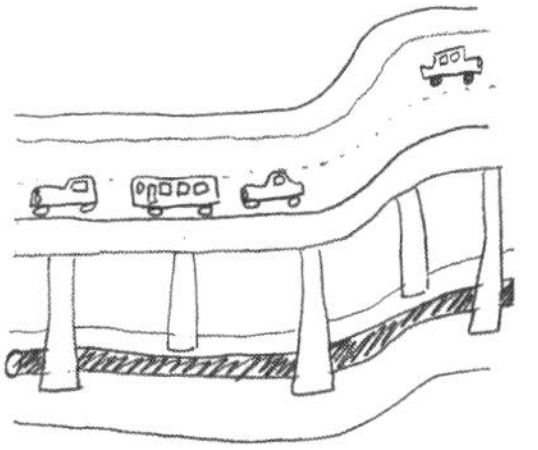

[高速道路の下にパイプライン]

（パイプラインを埋めるために）掘るのも浅くて済むのではないかと考えています。深く掘るとそれだけ費用がかかりますが、浅ければ安くなるのです。

場所にもよりますが、一メートル二〇センチくらいの浅さで十分です。海外ではパイプをその場でどんどん継ぎ足して埋めていきます。人が住んでいない土地が多いからできることです。

一方で、例えばアラスカは寒いですが、パイプはガスの熱で零度以上になるので、パイプの熱で永久凍土が溶けてしまいます。そうするとパイプが浮いてきてしまって、事故にも繋がるので、最初から地面より上に敷設しています。

青山　高架パイプラインですね。

朝倉　パイプの下を野生動物が通れるよう、やたらと高く設置しています。また、パイプの熱が下に伝わらないように「ヒートパイプ」という形態で敷設しており、周囲の環境への影響がないことを徹底しています。日本の場合は埋めれば問題ありません。

日本海のＭＨが注目されてきたので、パイプラインなどについては面白くなってきたと思っています。

日本海のＭＨがなぜいいかというと、いまの日本のＬＮＧ（液化天然ガス）購買価格が非常に高いからです。日本にはエネルギー入手の代替案がないので、「ジャパンプレミアム」と言われるほどの高い値段でＬＮＧを買わされているのです。

ＭＨがエネルギー資源として開発されると、安くはならないにしても価格の上限にはなります。「多少高価でも、輸入したガスを使おう」というのがアメリカのポリシーだから、いざというときのためにＭＨを保存しておいて、ロシアから安く買えるなら買えばいい。

青山　ＭＨは寝かせて保存しておくことができるので、いいと思います。

朝倉　パイプラインは二県が集まればできます。例えば、京都の舞鶴に日本海側のＭＨを集めるのなら、関西電力が頑張って、火力発電所の燃料を石油からすべて天然ガスに替えるべきです。

原発も、老朽化による廃炉の美浜原発一号、二号、敦賀の一号では、保安設備や送電線などのインフラが残っています。それを使わせてもらって天然ガス火力発電所を併設すればいいのではないでしょうか。

経産省は「ＬＮＧタンクを第三者に市場を開放しろ」と言っています。タンクの中身とタンクそのものの所有者は別になるということです。たぶん、これからはそういう方向へいくでしょう。

だとすると、これは公共投資になるので、タンクをパイプと同じ位置付けでつくらないといけません。だから、タンクのなかのLNGはアラスカ産である必要はなく、どこから輸入したものでもいいということになります。

青山　パイプラインの会社をつくると、中国資本の会社などが入ってくる懸念はありませんか。

朝倉　その可能性はあるでしょう。

しかし「黄金株」という考え方があります。たった一株なのですが、その株は会社の決定に拒否権を持つというものです。それを国が買うのです。INPEXはインドネシア石油と帝国石油のコンビですが、それが唯一の例となっている。そういうやり方をもっと進めればいい。

もしくは、重要事項を覆すには株式の三分の一がいるので、国策ファンドが株を保有するとか、株を売らないというやり方もありえます。

株式を上場してしまうと、仮に株式の三分の一を保有していたとしても、残りの七割近くの株式はどこが持っているかわからないというリスクが出てきます。そのため、上場しないという手もあるでしょう。

外資は、パイプ設置だけでは投資をしてこないでしょう。パイプと同時に、ガス、電気の販売とワンセットになっているなら参戦してくるはずです。

すでに日本のソーラー発電には、中国やカナダが進出してきています。彼らは日本でも発電事業がやりたいのでしょう。ただ、パイプラインや送電線といった国の基幹的インフラは買収されては困るので、黄金株という対応策が確実だと思います。

ＭＨの開発が商業的な段階になったとき、誰が事業主体になるのかという話もあります。

青山　しかし、資源開発とインフラ整備を並行してやっていかないと間に合いません。

朝倉　二〇二〇年にＭＨを実用化したいと、目標を明確にしたからには、商業化のプラットフォーム（基盤）をつくって、実際にパイプラインを引きたいです。テストでもいいと思います。

新潟には、仙台まで通っているパイプラインがあります。東京〜直江津間にもありますが、直江津から滋賀県の長浜まで引けば、大阪まで繋ぐことは可能でしょう。

新潟がいちばん繋ぎやすいですが、そうするとすべてのパイプラインが新潟経由になってしまうので、京都府の舞鶴も活用する手があるのではないでしょうか。

青山　太平洋側、例えば名古屋近辺はどうですか。

朝倉　渥美半島沖は海が深く、ＭＨ開発には台風の問題もあります。日本海側ならＬＮＧを輸入させておいて、自主資源ができたら、だんだん輸入を減らしていけばよいと思います。

省益が絡んで簡単にはいかないパイプライン敷設

青山　具体的にパイプライン敷設について教えていただけますか。

朝倉　敷設は陸上と海の可能性があります。日本の場合、海のほうは需要がありませんが、海と陸を比べると、海のほうが工事費は安いです。

船がアンカーリング（※2）したり、底引き網をやったりするところはパイプラインを海底に埋めますが、それ以外は海底に置きっ放しでも大丈夫です。むしろ重しになっていいぐらいです。

青山　海と陸ではパイプの素材は変わるのですか。

朝倉　素材は同じですが、海に敷設する場合はコンクリートや樹脂でのコーティングが必要になります。

また、陸上ではパイプラインは一本でいいのですが、海では何かあると大変なので、二本以上敷かなければいけません。並行させて敷くか、離して敷くかは状況次第です。

ＭＨに関しては皆、開発技術のほうに関心がいっていますが、マーケッタビリティ（※3）の問題もあります。

青山　ガスパイプラインの設置は、国土交通省マターですか、それとも経産省マターですか。

朝倉　それは良い質問です。ガスパイプライン設置には、インフラとインフラ外、つまりパイプラインそのものの管理とガスの供給が絡んできます。

　これまでの日本だと、このふたつが公益事業として一緒になって地域独占と総括原価、供給区域を決めていました。しかし最近では、パイプライン事業者とガス小売りを分離しようという流れです。

　インフラ外は競争事業となるのが諸外国の通例です。日本だと、エネルギー部局がインフラ外をやり、旧建設省はインフラをやってきました。

　もしパイプラインを高速道路付近に設置するとなると、道路側、つまり国交省側をどうハンドルするかが難しくなるでしょう。道路系だけで進めるとパイプラインは「道路」だということになります。いまのままでは、国交省管轄の道路の一部を、パイプラインに貸すということになってしまうけど、これを、エネルギー系と道路系の「兼用工作物」として進めていく方策もあります。現状のように「道路はあくまで道

※2　錨泊《びょうはく》。いかりを下ろして停泊すること
※3　売り物になること、市場性

路専用」というのではダメだというのがわたしたちの考えです。

光ファイバーのように、パイプラインも本来は兼用工作物でなくてはいけません。光ファイバーはすでに、道路も活用してお客さんに情報を提供するという考え方なんですから。

いまのところ国は、占用工作物としか考えていないようですが、それだと道路側にメリットがないので、延々と国交省から難癖をつけられることになるでしょう。そのため、兼用でいこうと考えています。

だから西日本高速道路株式会社（NEXCO西日本）が大事になります。

青山　近い将来、車の動力源もほぼすべて電気に変わるでしょうから、道路上のどこかで充電するとなったら、兼用工作物のほうが使えますね。

朝倉　そうなんです。

どういうイメージかというと、道路管理者側の専用施設、つまりサービスエリア、パーキングエリアでコージェネ（※4）のプラントをつくります。そして高速道路内にはない需要は一般家庭等に送って、そのほか高速道路の融雪、除雪に使う——そうなったら、高速道路側にもメリットがあるはずです。

エネルギー供給の自由化が進んでも、最初の頃は、高速道路のなかだけにエネルギーを供給することになりますが、そのうちにいろいろなところに売ることになるでしょう。

言い方は悪いですが、建設してしまえば色々知恵が出ます。

青山　パイプラインは網の目のようにつくれば、それでいいと思っていました。

朝倉　それに加えて、売るほうを考えないといけません。

青山　日本と欧米の違いはほかにもありますか。

朝倉　MHについては開発側が力を持つべきですが、日本ではLNGの輸入小売り側が力を持っています。

ガスがある国は開発側に力がありますが、日本は戦争に負けてやらせてもらえなかった歴史があります。韓国は韓国ガス公社（KOGAS）が仕切っている。日本の場合、小売りをやっている会社は二〇〇社、輸入の会社が七社くらいです。

――パイプを引く前に規制緩和を行った愚策

青山　ガス会社と電力会社では、大きな違いはあるのですか。

※4　熱源より電力と熱を生産し供給するシステム

朝倉　それを説明するには歴史の勉強が必要です。

　電気は、明治時代の最初は産業用だけでした。チンチン電車を動かすということが最初で、その後に民生用になりました。そういうモノを動かす基になっていたこともあって、もともと電気は軍部に目を付けられていたのです。

　それから大正時代には、電気会社の五社争覇時代があって、大工場に各電気会社の電線が蜘蛛《くも》の巣のように来ていた時代がありました。

　その後、国家総動員法の影響で、各電気会社は一九三九年に日本発送電（略称ニッパツ）という組織に一元化されたのです。

青山　昭和になってからですか。

朝倉　そうです。ニッパツは国策でつくった会社でしたので力が強かったのです。

　しかし松永安左エ門（電力の鬼と呼ばれた財界人）が頑張って九つの電力会社をつくって、電力を分割したのです。

　戦後になって、日本発送電と九つの配電会社は独占・寡占企業と認定され、GHQの手で解体されました。それによって電気事業再編成が加速し、各地方における河川の発電用水利権の帰属も決められ、黒部川、木曽川は中部電力ではなく、関西電力の管轄下にするということで決着し、ニッパツの活動は幕を閉じたのです。

いま発送電分離で自由化時代になるときですが、法律がすんなり通ったといいます。激変です。東日本大震災で起きた福島第一原発の事故によって、電力会社にまつわる利権構造が壊れたということだけで、自由化をどの勢力が推したのかはよくわかりません。

青山　ガス会社のほうはどうですか。

朝倉　ガスは、昔はＬＮＧではなく、石炭を乾留（※5）にしてガスをつくって、ガス灯などに使っていました。

このようにガスは民生用からスタートしたのです。そのため、昔は米屋などでもガスを売っていたほどです。

電気は産業用で、軍事に関係するから統制されていました。一方、ガスはどうでもよかったので開発が遅れたという側面があります。そのままズルズル来て、統制令が出る前に終戦を迎えました。そのため、ガス小売り業者が二〇〇社も残っているのです。

青山　そういうことですか。

※5　蒸し焼き

朝倉　一方で、ガス会社の場合、電力会社の動きを先取りして、統合したところがあります。

例えば東京ガスは甲府、宇都宮を取り込み、四国ガスは戦時統合で多くのガス事業者を合併し、四国で唯一の都市ガス事業者となっています。これは法律（配ガスの統制令）が通る前だったからできたのです。

戦後に小改革がありましたが（大元は）何も変わりませんでした。その後にＬＮＧが入ってきましたが、インフラは整備されないままだったのです。

なぜこれまでインフラがなかったかというと、国産ガスが出なかった、出るはずがないと思われてきたからにほかなりません。

仮に、簡単な技術でもっと早くにＭＨが採れていれば、インフラ整備も促進されたかもしれませんが、実際のところは新潟で天然ガスがショボショボしか出ませんでした。

青山　ガス会社の経営陣は、ＭＨの事業者となることに、とても冷淡、消極的です。

朝倉　ガス会社が難しい理由のひとつは、いま言ったように、国内の天然ガス生産が極めて不十分だったことから、インフラの整備が進んでいないことにあります。

ただし、韓国は国産ガスがゼロでもパイプラインができています。発電用のガスも輸入しています。つまり、国策があれば（パイプライン網の整備は）可能な話なのです。アラスカでは一九六九年頃にパイプラインを導入したのですが、三菱商事にしたがって、小売り業者である東電と東ガスが天然ガスを直接輸入していました。当時は卸が介在しなかったからです。

卸をつくれば、東電、東ガス以外にも天然ガスを売るという選択肢があったかもしれません。しかし卸がなかったので、徳川幕藩体制のようになってしまったのです。

青山 ガス業界はまだ江戸時代ですか！

朝倉 その通り。結局のところ、この体制が崩せていません。ガス業界は民間がやっているままで規制緩和をしてしまいました。

日本はいくつかのボタンの掛け違いを、ガス業界でやっています。普通なら国内市場をつくってから輸入するためのパイプラインを考えるべきなのですが、最初期の、市場が出来あがっていない段階で、サハリンのパイプラインに誰が投資するでしょうか。

市場を集積する仕組みがないと（パイプライン網は）うまくいきません。

日本国内の市場を統合するパイプラインの供給網が出来ていれば、天然ガスの値段についての（まとまった）交渉ができるのですが、それがないので、ろくに値段交渉もできません。
本来は規制緩和が行われる前にパイプラインを引くはずでしたが、そうならなかったので、金融機関が引っかかる先（融資の担保や保証）が十分でありません。そのため、これから先、ガス会社は資金調達が困難になるというミステイクを犯してしまいました。それを修正していこうという話です。

FCV主体の自動車社会に欠かせないパイプライン

青山 要は、これから日本全国にパイプラインを敷くというのは、かなりハードルの高い話ですね？

朝倉 国がパイプラインを（ガス会社に）つくらせるしかありません。それを対償する（つくっただけの対価を国が支払う）仕組みはあるのかというと、私は「ある」と思っています。

かつては地域独占、総括原価、供給義務の三原則があったのですが、いまはないので、ガス会社には昔の電力会社のような恵まれた条件は与えられません。

そのため、金融機関に融資を説得する際、ガス会社には倒産するリスクもあることから、政府が直接担保を用意することになります（これが対価になる）。

青山 いまの段階でパイプラインをつくるなら、国が保証しないといけないということですね。

朝倉 かつては絶対倒産しない会社がありましたが、いまはそうではありません。金融機関もボランティアではないので、パイプラインをつくるために巨額のお金を使うと倒産のリスクがあるなら、会社に貸付はしてくれません。パイプラインの敷設は国が動かないと始まらないでしょう。

青山 国交省、それから経産省では予算の見込みはついているのですか。

朝倉 国土強靱化総合調査会（現・国土強靱化対策本部）の二階俊博自民党幹事長のところと、資源エネルギー庁の電力ガス事業部で、これから予算の検討を本格化していくところです。

私は、パイプラインは高速道路との兼用工作物しかないと考えていますが、まだその考えは浸透していません。まだ政治家も官僚も、パイプラインと高速道路は関係ないと思っています。

水素ステーションは二〇二五年には一〇〇〇か所設置し、ＦＣＶ（燃料電池車）を二〇〇万台普及させることを目標として、ビジネスとして成り立たせるという案が、もう経産省から出ています。

そうすると、パイプラインは自動車への燃料供給となりうるので、道路関係部署が出てしかるべきだと思っています。

FCVがなぜ騒がれるようになったと思われますか。一部には「一過性、もしくはブームで終わるだろう」という意見もあります。

青山　ブームでは終わらないでしょう。

朝倉　はい。そういう意味では、国交省もお金を出さないといけません。

いま日本には八〇〇〇万台の自動車があります。また、ガソリンの供給ステーションは三万か所以上もあるのです。水素ステーションを一〇〇〇か所つくっても仕方ありません。一〇〇〇か所では少なすぎるからです。

オリンピックまでに四大都市圏は優先して水素ステーション建設を進めるでしょうが、その後は水素供給に関するインフラ整備が問題となるでしょう。インフラさえ整えば、FCV主体の自動車社会が実現できるでしょう。

青山　パイプラインを敷ければ日本の社会は大きく変わるかもしれません。

朝倉　その通りです。自動車でいうと、かつては内燃機関であるエンジンがノウハウの塊でしたね。これに対して、FCVは燃料のスタック（※6）が一番の中心技術ですが、ポイントは水素の貯蔵です。

水素は軽くて、貯蔵効率が悪い（貯蔵しにくい）のです。

青山　貯蔵するには圧縮しなければなりませんね。水素を圧縮する技術は進んでいるのですか。

朝倉　それは進んでいます。

大気圧は一気圧ですが、ＦＣＶの燃料タンクは七〇〇気圧だそうです。七〇〇気圧というと、ガス田くらいの高い圧力になります。ＦＣＶはそれを小さなボンベに詰め込んで都市内をチョロチョロ走るわけで、技術の進歩はものすごいものがあります。

青山　ＦＣＶは期待できそうです。

朝倉　私も一過性ではないだろうと思っています。というのも、いまやアメリカも含めて、もう戦争はしないという流れがあります。そうなると戦争に代わる経済消費を、どこかで大きくやる必要が出てくるからです。

どういう手立てが考えられるかというと、ひとつは公共施設への投資です。不景気でそれができないなら、民間のニーズを喚起して、家をつくる、または車をつくるこ

※6　積み重ね

としかないでしょう。新しい車の開発・生産によって戦争の〝経済刺激〟の代わりをさせることを考えている勢力があるのではないでしょうか。

車が二〇〇万円で一台売れるのなら、世界では三〇〇〇兆円の経済効果が生まれます。世界全体のGDPは八〇〇〇兆円です。戦争を一度すると相当なお金が動きますが、いくら戦争でも何千兆円ものお金は動きません。

例えば、湾岸戦争では五兆円が動いたそうです。内燃機関から燃料電池という「自動車更新」だけでも五〇兆円の経済効果、つまり湾岸戦争一〇回分くらいの経済効果があるということになります。

燃料電池車の開発、実用化は、トヨタ自動車がグローバルリーダーから要請されたのではないかと思います。燃料電池の特許も開放しました。天皇陛下がトヨタの技術を見に行かれましたが、こんなことは普通ありません。

しかし、さっき話したように、燃料電池車は水素の貯蔵がネックになります。貯蔵をどうするかというと、カーボンで貯蔵しています。カーボンの主要メーカーは東レで、経団連の会長は東レの榊原定征《さかきばらさだゆき》氏です。彼は名古屋大学出身で、トヨタの豊田章一郎氏の後輩に当たります。産業界も「燃料電池車推進」のシフトになっているのではないでしょうか。

トヨタはすごい責任を負わされています。トヨタの燃料電池車開発がうまくいけば、世界で展開するという話になるのではと私は思っています。

一過性どころか、国を挙げて資源としての水素推進に向かっているのではないかと思います。

青山　プレッシャーをかけたのは欧米の石油メジャーですか。

朝倉　いちばんピンと来たのは、欧州の大財閥です。その裏はわかりませんが……。トヨタもそこからも資金調達しているので無下《むげ》には断れないのかもしれません。

戦争をしない代わりに、グローバルマクロの資金循環のため、新しい動力源をもつ自動車の開発をやってみろということではないかと思っています。

青山　なるほど。そういう見方もあるのですね。最後にMHのことを、もう一度、聞きたいです。

朝倉　MHを市場化するにはどうするかという課題が解決され、既設火力のガス転換と、分散型マルチユーティリティ産業の勃興、そしてパイプラインを整備すること、これらができれば、民間から、国内企業が手を挙げると思います。

青山　パイプラインとMH、それぞれの整備・開発を同時並行でやると早くなるのではないですか。

朝倉　その通りです。大したお金はかからないので、力を入れるべきだと思います。

青山　一般国民にほとんど知られていないので、広めないといけないと思います。

対論を終えて——

「パイプラインも同時に考えておかなくては」

ＭＨが自前資源として使えるようにするには、それを国内で運ぶためのパイプラインが必要ですが、日本はいままで資源は輸入に頼ってきたから、それを考える必要がありませんでした。だからパイプラインが繋がっていません。そのため、パイプラインもＭＨの生産技術開発と同時並行で考えておく必要があるということが本対論で分かりました。

そしてじつは、京都府と兵庫県が共同で舞鶴（京都）～三田《さんだ》（兵庫）間にパイプラインを敷こうという取り組みは別途、始まっています。これは青山繁

後方には朝倉さんが当時、兼務していた株式会社テイコクの方々

晴参院議員が民間人時代に山田京都府、井戸兵庫県両知事に提案して動き出しました。青山繁晴はまず「日本海連合」をつくることをこの両知事に提案し、パイプライン計画に繋げました。あとは国を動かすだけです。

新発見！　メタンハイドレートは探鉱がいちばん簡単か！

日本海洋掘削株式会社・掘削技術事業部と日本メタンハイドレート調査株式会社に属する長久保定雄さんに聞きました。

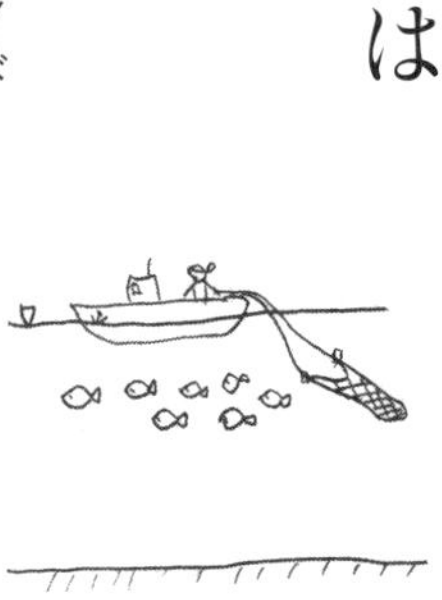

長久保定雄さんは東京学芸大学出身で小中高の教員免許を持っているという、石油業界ではめずらしいプロフィールの持ち主です。東京学芸大学教育学部の理学系には地学系の研究室があり、そこには実績のある先生が多くいらっしゃり、地学の世界では有名な研究室でした。私も受験を考えたくらいです。長久保さんは、私がかつて所属していた三洋テクノマリン株式会社に就職したあと、日本海洋掘削株式会社に転職しました。

三洋テクノマリン時代は年間三分の二ほども海洋調査をしていて陸地に不在だったため、「長久保は漁師になったらしい」という噂が流れたそうです。

日本海洋掘削に転職されてから、現場より研究にシフトし、大水深で掘削をするときにどんなハザードがあるかということと、その回避方法を研究されました。その掘削ハザードのひとつがメタンハイドレート（ＭＨ）だったのです。「ＭＨを掘ると危険だ」と一九九〇年代前半では根拠もなく言われていたからです。

それから、ある日突然に、『ＭＨ21』が始まるから石油天然ガス・金属鉱物資源機構（ＪＯＧＭＥＣ：当時、石油公団）に出向せよ」と告げられたそうです。結局、九年間も出向されていました。そして行ってみたらハザードの研究ではなかったのです。話はそこからです。

青山　ＪＯＧＭＥＣ時代（平成一四年度〜二二年度）にはどういう担当になったのですか？

長久保　まず、「ＭＨ21」の推進グループに入りました。事務局のようなものですね。会社立ち上げと同じようなもので、様々な書類やホームページ（ＨＰ）をつくったりもしました。そういうことが前から得意だったので、推進グループに行ったともいえます。ＨＰやパンフレットなどをつくって、主に技術広報をやっていたわけです。

ところがＭＨの地質地化学をやる人間がいなくなったので、三年目くらいから兼務してくれと言われ、産業技術総合研究所（産総研）の（研究者である）森田さんたちと

ＭＨの地質地化学をやり、凝り性なので「地質地化学勉強会」を勝手につくって、東京大学の先生も巻き込んだりして勉強会をしましたね。

「ＭＨ21」のフェーズ1のころです。当時は、まだそんなにＭＨの地化学が分かっていなかったんです。同時に推進グループもやって、その後、生産手法の研究もして、開発も考え、環境をやる人間がいないということで環境チームでも研究し、結局そのまま九年間もＪＯＧＭＥＣに出向していたんです。

青山　じゃあ「ＭＨ21」のほとんどの分野に関わっていたということじゃないですか⁉

長久保　私が、顔が広いのは、ほとんどのグループに属していたからです。

「環境が分かる人にリーダーになってもらってもいいが、開発が分かっている人でなければ」ということで、フェーズ2に入ってからは環境チームリーダーを二年していました。応用地質の研究者の横山幸也さんらと環境モニタリングシステムを一緒に考えていました。

青山　ＪＯＧＭＥＣには、技術者もいればそうでない人もいますね。

長久保　ＪＯＧＭＥＣは出向者が多いけど、ＭＨ関係の出向者は、私も含めて技術職が多かった。日本海洋掘削株式会社（ＪＤＣ）や石油資源開発株式会社（ＪＡＰＥＸ）など、石油関係会社からが多かったです。推進グループは広報や事務手続きをやる部署で、推進グループのなかでは技術者は私だけでしたね。あとは労務・経理・広報関係の人ですから。

二〇一四年からは日本メタンハイドレート調査株式会社（ＪＭＨ）に出向して、そちらでは経営管理をしています。企画部で、契約や、これから会社をどうするかなどのマネージメントです。最近は海洋開発システムの技術検討も行っています。

青山　そのＪＭＨは、正直よくわからない存在です。出資会社はどこですか。

長久保　ＪＡＰＥＸ、ＪＤＣ、国際石油開発帝石株式会社（ＩＮＰＥＸ）、あと八社、新日鐵住金エンジニアリング株式会社などのエンジニアリング会社も株主として入っています。民間会社ばかりで、筆頭株主はＪＡＰＥＸです。

青山　ＭＨの実用化をマネージメントする会社と考えて良いですか？

長久保　実際には海洋産出試験を実施することを目的とした会社です。

青山　今後、官主導の仕組みである「ＭＨ21」が、フェーズ３も終わって民間に渡せるレベルになったら、そのＪＭＨが、中心となりますか？

長久保　そこまでは宣言していません。いまは海洋産出試験を成功させるための会社ですね。だけど、この試験はものすごく大変だし一社でできることでもない。したがって、機器を組み合わせるエンジニアリング会社も入っています。

青山　試験を成功させるために民間からも提案して、そこに予算が下りてくるイメージですか。

長久保　どう試験するかを決めるのは、あくまでもＪＯＧＭＥＣが試験の公募を出す。ＪＯＧＭＥＣです。ＪＯＧＭＥＣがこうやりたいと言うものに対して、我々はこうすればいいのではと提案書を出します。提案書が通って契約した後は一緒にやるイメージです。お互いの技術者の良いところを組み合わせて海洋産出試験を成功に導こうとしているわけです。

青山　ＪＯＧＭＥＣの公募について、ほんとうに分かる人の意見がちゃんと審査に入っているか疑問でした。どうでしょうか。

長久保　第一回の産出試験で見つけた課題に対し、ＷＧ（ワーキンググループ）をつくって、企業の技術者や学者を呼んでどう解決するかを検討していました。それが第二回試験の公募になったのでしょう。

その結果は、学術論文で発表されています。海外の学術雑誌に日本のＭＨの論文が出ているわけです。

青山　そのプロセスが分かりにくくて、少なくともマスメディアにちゃんと出ていないように思います。一般国民としては、三年間ずっと静かだなと感じると思います。

論文を一般に分かりやすく出さないと心配になります。そこがいつも難しいところです。

長久保　仰《おっしゃ》る通りです。しかし、数字がひとり歩きするのが怖いという、技術者の気持ちも良く分かります。ただ、確かにもう少し分かりやすく発信することは重要だとも思います。

青山　論文は専門家にしか分からない。しかし、その論文を長久保さんが読んで一般に分かりやすく伝えるのはいかがでしょうか？

長久保　それには、いまの私にはあまりにも時間がありません。

青山　一般国民は、静かだと「何しているんだろう」となるんですよ。

長久保　ＪＯＧＭＥＣにいたときですが、カナダの陸上産出試験が成功して盛り上がりました。その後、フェーズ２に入り海洋産出試験の準備段階になったので、華々しいニュースが少なくなりました。「何かないの？」と言われることもありましたが、海洋産出試験の準備をやっていたのでトピックスがあまりなかったのです。試験が終わっても何もしていないわけではありませんでしたが、そう見えちゃうんでしょうね。

最初から地盤工学を活用して考えるべき

青山　これまで平成二八年度までの三年間、表層型ＭＨ調査の政府予算は、貴重な時間と大きなお金を費やして、理学的なデータを積み上げるのに終始してきました。工学的なデータにはほとんど手を着けていません。砂層型ＭＨの場合はどうでしたか。並行してやったのですか。

長久保　並行してやっていました。二〇〇三年の試掘ではＬＷＤ（※１）やコアを採るとかやってきましたが、日本海洋掘削（ＪＤＣ）が考えたのは、生産に適するきれいな井戸をつくるにはどうすればよいかということでした。

井戸をつくるときにはケーシング（丸い外枠）を入れますが。その外側をセメントで固めて地層に固定するんですね。ＪＤＣは、セメントの発熱でＭＨが分解せず浅いところできれいな井戸をつくれるかどうかという実験をやりました。

また、「水平坑井」という、まず海底面から垂直に掘り始めて、徐々に曲げていって水平にするという掘削方法が浅いところでできるか否かの実験をやり、それが成功したのです。水平坑井の成功は、生産手法多様化の可能性を示したと思います。

青山　ＪＯＧＭＥＣにあるのは、ＪＤＣの保圧コア（※２）ですか。ＰＴＣＳ（※３）という保圧コアは、ＪＤＣがその開発に絡んでいますか。札幌の産総研で見たことがあります。

長久保　ＭＨの圧力を保ったまま海上に揚げるＰＴＣＳの装置を、ＪＯＧＭＥＣの前身である石油公団と国内の民間会社が、米国のメーカーと共同で開発したもので、JDCの技術者も改良に係わっています。このような装置は世界初と言ってもいいものだったので、ぜひ、皆さんに伝えてほしいですね。

実際に海底を掘る場合、地盤が非常に大きな問題となります。だから、まずどんな地盤なのかを知ることが重要です。

表層型MHのあるところは海底面から数十メートルですから、将来的に井戸を掘って資源として生産するのであれば、最初に地盤工学などを活用して地盤を知るのがいいのではないかと思います。

青山　そういうことも含めて、理学的な調査と工学的な調査の両方を一緒にやっていれば良かったと思います。ある学者の偏りがそのまま出てしまっていますが、予算がなくて無理だった面もあるのですか。

長久保　砂層型MHのほうで海洋産出試験などをやっていたので予算をかなりそちら

※1　Logging While Drilling／掘削同時検層。検層とは地層の物理的、化学的な性質を調べること

※2　現場の圧力を保ったまま海底から地上に持ってきた堆積物

※3　Pressure Temperature Coring Sampler／保圧コアを効率よく採る装置

で使ったのは事実ですが、でも、表層型ＭＨはかつてに比べたら予算がずいぶんつきました。実は、「ＭＨ21」で初めて表層型ＭＨの調査・研究をやり始めたとき（平成二十六年度より前）、最初の担当は私だったのです。

いま大切なことを思いついた！　圧力不要！

青山　砂層型ＭＨの生産について回る、出砂の問題についてお聞きしたいです。マスコミの記事を見たときには「出砂はＭＨの開発特有の問題で、これをクリアできなければもうＭＨの資源化は望みがないのか」と思ってしまいました。しかし、出砂は石油や天然ガスの産出時にもよく起こることなので、そのときのデータを参考にして対策を立てられるという話を聞いて驚きました。

長久保　そういう勘違いはあるのかもしれません。出砂は普通に起こることです。石油天然ガスは固い岩盤のなかに入っているので、未固結の堆積物よりはましですが、出砂を抑えようという研究はたくさんあります。

青山　表層型ＭＨはまだ生産試験に至っていないので、それは知りませんでした。

長久保　砂層型ＭＨの調査・研究では、過去になされた「出砂を抑えよう」という研究を適応させました。

ＭＨは未固結なので、もうひと工夫くらい必要だということだけです。その点、私はあまり心配しておらず、ＭＨの産業化がいけるとなれば、各企業がこぞって出砂対策の機器をつくると思っています。

青山 なるほど。

長久保 そう言うと、出砂研究を熱心に進められているＪＯＧＭＥＣの山本晃司さんに怒られるかもしれませんが、私は海洋産出試験よりその先を見る仕事もやっていたので、何とかなるだろうと思っています。ただし、出砂の原因を知ることが前提で、そのために海洋産出試験は重要なのです。

それよりも、出てくるメタンガスの量を心配しています。出砂は技術で何とか対処できます。でも、もし減圧法でＭＨからメタンガスを採ろうと試みて、思ったほどのメタンガスが出なかったら、それはもう技術ではどうにもならないＭＨの特性ということになります。メタンガスを売って利益を得るために開発したい我々としては、非常に困った事態になります。メタンガスが出ないと売るものがないので困ってしまいます。

青山 お金をかけて海に出た漁師が、魚を捕れなかったみたいなことになっては困るという心配ですね。

ＪＯＧＭＥＣの山本さんは私との対論で、「試験でＭＨを採ることよりも、採ったことで地中のＭＨがどう動くかに関心があるし、そのデータを貯めていかないといけない」と仰っていました。

長久保　生産に関するシミュレーションの精度が、そういうデータの積み重ねで上がっていきます。まあ、生産シミュレーションはとても重要ですが、我々は現場寄りの会社で、現場でできることはどんどんやれというタイプなんですけどね。ただ、やはり現場はお金の問題は大きいので、生産シミュレーションをやって、お金のかかる現場の数を減らすことは大切でしょう。

生産シミュレーションの精度を増すためには、山本さんの仰る通り、ＭＨがどう分解してどう動いて、そしてどう井戸のなかに出てくるのかというデータを一つひとつ丁寧に取っていかなければいけないでしょう。

青山　産総研の長尾二郎さんもそういうふうに仰っていました。

長久保　長尾さんと同じですか（笑）。では、あえて逆のことも言っておきましょう。井戸を二〇〇三年度には三二本掘りましたが、もっと掘ってもよかったのかもしれません。

（＊青山による註：長久保さんと長尾さんは同い年の研究者で、長年、ＭＨ研究開発に取り組んできた同志でもあります。とっても仲良しです）

（※長久保による註：私と長尾さんが一升瓶を抱えて飲んでくだらない話ばかりしていたのを、青山さんが横で目撃していました）

青山　私もそう思います。

それから、浅いところにあるＭＨの場合、その下に天然ガスの集積があるかもしれないと聞いたのですが、それはどう調べたらいいのでしょうか。

長久保　深いところの在来型天然ガスは基本的に地震探査（人工的につくった地震波を使う探査）でいいでしょう。背斜構造があり、そこに泥がシールしていれば天然ガスが溜まるので、誰もが背斜構造を探します。背斜構造でも溜まっていないものもありますが、色々データを解析して、ありそうなところを見つけていくのです。

ただ、それだけでは確信できないので、その場所で試掘をする必要があります。もし、天然ガスがあったとしても、量がなければ意味がありません。また、天然ガスが出てくるためには高い圧力も必要となります。そこで、ある程度の天然ガスの量があり、貯留層に適切な圧力があることが井戸で分かったら、初めてそこから天然ガスの開発が始まるということです。

ちょっと待って。

いま思いついた大切なことが、ひとつ、あります！

基本的に、探し方は（在来型の天然）ガスも（メタン）ハイドレートも同じです。でも天然ガスとひとつ違うのは、ＭＨには、ほんとうは圧力が不要だということです。量があればいいのです。

ＭＨを採る際に一番効いてくるのが、砂層が持つ浸透率ですね。砂の隙間にどれだけ水やガスが流れるかという浸透率が高ければ高いほど、生産性が良くなるので、まずはそれを調べるという形がいいのではないでしょうか。

ＭＨの存在は地震探査でかなり分かる。浅い所にあるので掘るだけだったら、一日で掘れます。石油天然ガスは四〇〇〇メートルとか掘ることもあるので、一か月や二か月もかかってしまいますが。

そう考えると、ＭＨは石油天然ガスより、探鉱という点からすると、簡単かもしれません。

青山　凄い！

対論って、やっぱりいいですね。

話していると、お互いに新しい、まさかのアイデアもどんどん湧いてくる瞬間がありますね。

対論を終えて──
MHに人生を捧げている

①出砂は油田や天然ガス掘削でよくあること　②その原因を探るには海洋生産試験が必要なこと──が本対論で良く理解出来ました。それから、MHは地震探査で探すことが出来るから、探鉱しやすい資源であるという利点があること、それを対論中に長久保さんは気がつきました。

それから、研究者同士の繋がりについての印象深いエピソードが語られました。

私は、長久保さんたちが、研究分野を超えて、所属機関を超えて、普通は仕事のうさを晴らす場である居酒屋での飲み会のときもMH実用化に向けて熱く語り合っているのを見かけることが何回かありました。

彼らのような研究者が、自分のためではなく国民のためにひとつの方向に向いて進んでいる、その一生懸命なところを読者・国民の皆さんに知ってもらいたかったので、このエピソードを載せました。

バイカル湖の体験を日本海で生かしたい

日本大学（元清水建設）の西尾伸也先生に聞きました。

西尾先生は北海道大学の土木工学出身。専門は地盤工学。西尾先生が清水建設にいらしたころに、ロシアと連携してバイカル湖でジェット水流による表層型メタンハイドレート（ＭＨ）採取に成功した方法を詳しく伺うため、日本大学の研究室へ見学に行きました。

西尾先生はその後も、コーン貫入試験（ＣＰＴ　二七九頁参照）という手法でＭＨの物性を現場で多く計測されています。

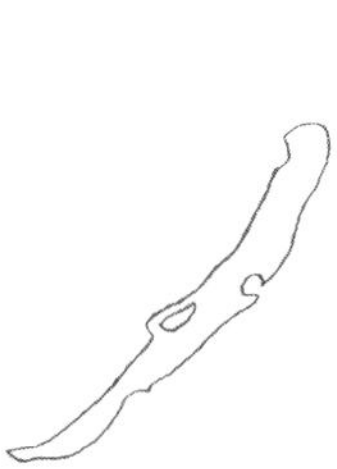
〔バイカル湖〕

バイカル湖で行った表層型ＭＨの調査

青山　西尾さんがＭＨと関わるようになったきっかけは何でしょうか。

西尾　「ＭＨ21」には地盤工学関係で最初から関わっていました。
地盤工学とは、構造物を支える地盤、あるいは支持基盤としての杭などを調べたり検討したりする学問です。

青山　地道だけど、絶対に必要不可欠な科学ですね。

西尾　はい。海底地盤は基本的に軟弱です。だからこそ、陸上の軟弱地盤を扱う知識は共通で使えるはずなので、地盤工学的な手法でＭＨにアプローチしようということで関わりが始まりました。
地球深部探査船「ちきゅう」にも乗り、海洋産出試験現場にも行きました。現場の試料を分けていただき、研究室で海底地盤の実験をしていました。

青山　ＭＨの場合、周囲の地盤が軟らかいので、石炭とは違って、陸上からの水平掘りや斜方掘りは難しいのでしょうか。地盤が軟らかいと、掘り進めば地層がグチャっと潰れるのかと思ったのですが。

西尾　掘る穴の大きさにもよりますが、軟らかいから掘りづらいというわけではありません。
掘削の方向制御については、石油や天然ガスの生産で実用化している技術がありますが、海底地盤の調査では主に鉛直に掘削します。

青山　「ＭＨ21」の地盤工学的な調査と並行しつつ、清水建設の一員としてロシアのバイカル湖でのＭＨ生産技術開発もやっていたのですか。

西尾　そうです。二〇〇六年からです。北見工業大学の庄子仁先生と初めてバイカル湖に行ったのが二〇〇五年。その後、科学技術振興機構（ＪＳＴ）の委託研究として始めました。

ＪＳＴにはいろいろなスキームがありますが、このときの委託研究は「革新技術開発促進事業」という枠組みで、大学等研究者が参加した産学連携の下、研究を推進するものでした。このなかで、ロシア科学アカデミーの陸水学研究所、北見工業大学、北海道大学に参画していただき、バイカル湖の表層型ＭＨの産状（※1）解明とガス回収について協働で研究開発を行いました。

青山　技術を利用する権利はＪＳＴのものになるのですか。

西尾　ＪＳＴが持っていて、我々が使えるということです。特許申請もＪＳＴを通して、というか委託事業であることを特記したうえで出しています。

青山　では、この技術を表層型ＭＨに応用するということは構わないのですか。

西尾　構いません。

ただ、ここで使った技術は限定的です。限られた時間と予算のなかで、当面は我々の考えている方向について、可能性があるかどうかをチェックしたかったのです。

だから、エネルギーの回収比率（※2）や経済性は度外視してやってみたのです。

青山　回収率や経済性を見ていくなら、さらなる予算が必要ということですか。

西尾　そうです。表層型MHといってもいろいろあります。それゆえ、MHの素性がわからないと話が進みません。そこで展開した調査のひとつがコーン貫入試験（CPT）です。コーン（※3）を地盤に貫入させ、その先端抵抗から地盤の硬さを調べるものです。ここでは、センサーやデータロガー（記録計）を内蔵したCPTプローブ

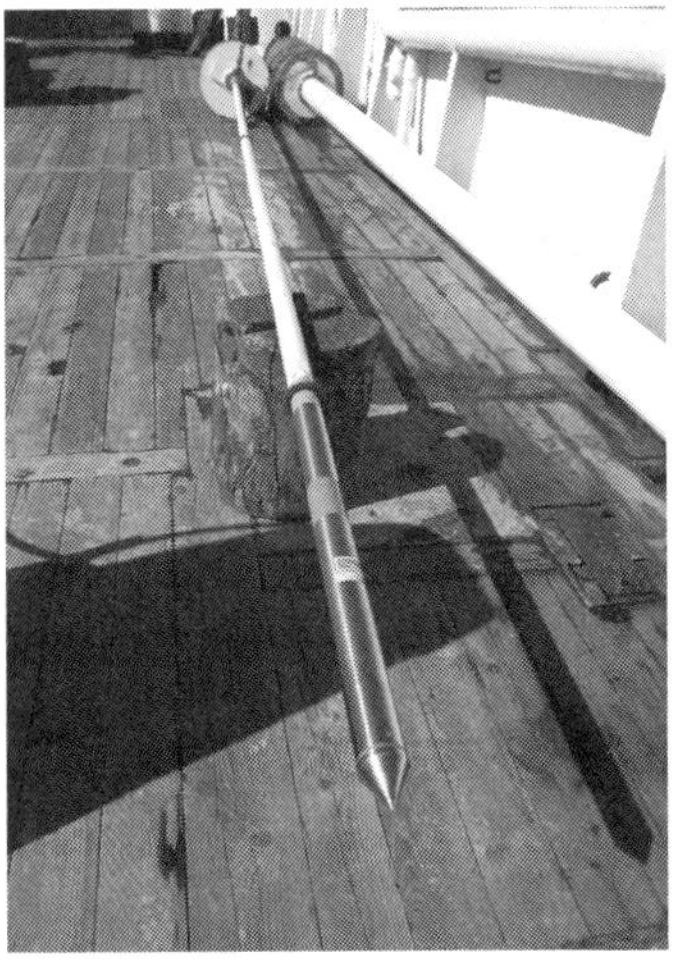

深海底地盤用コーン貫入試験プローブ
【資料提供：日本大学生産工学部土木工学科】

※1　産出している状況
※2　EPR／投下したコストに対してどれぐらいのエネルギーが回収できるかという比率
※3　掘削用カッター付きの円錐

を製作し、これを湖底面に貫入させることにより、そこにあるのがMHかどうかを識別し、その状況を調べることにしました。用いたデータロガーは約三時間連続してデータが取れます。湖底面にコーンを何回も貫入させて三時間データを取ってから、コーンを船上に上げ、データロガーからデータをダウンロードする、これを繰り返しました。

青山　コーンの上げ下げは船のウインチを使うのですか。

西尾　そうです。ウインチさえあれば大丈夫です。

バイカル湖の深部では水の流れが少ないと言われていますので、CPTプローブは船の真下にあるとして、表層型MHの深度（MHがどんな深さにあるか）のマッピング（※4）を行いました。

青山　たくさん打つほど精度が上がるのですか。

西尾　そうです。約二キロメートル×三キロメートルの調査範囲において、二〇〜一〇〇メートルの間隔で、五〇〇点以上の測定を行いました。そのときは明けても暮れてもCPTばかりやっていました。ウインチの繰り出し速度は、毎秒約五〇センチメートルですから、そのペースでコーンを降下させ、船上でテンションメーター（※5）を見ながら湖底に貫入したかどうか判断します。

青山　ハイドレートがあるところはかなり固いですが、コーンが貫入しますか。

西尾　産状によっては貫入できるところもあるし、貫入できないところもあります。貫入した後のことは評価しないで、貫入できなくなるまでの時間を測って深さを出すという手法です。

バイカル湖での調査手法は日本海でも流用できる

青山　バイカル湖をフィールドにしたきっかけは何ですか。

西尾　バイカル湖では、調査船を所有するロシア科学アカデミー・陸水学研究所と北見工業大学の協働体制が既にあり、この実験に対する理解が容易に得られました。また、日本近海に比べ、経済的にも効率の良い実験実施が可能でした。バイカル湖は一二～翌三月は全面凍結してしまうので、船を使った調査は五～九月で行いました。

青山　同じような調査は海水中でもできるのですか。

西尾　水深二〇〇〇メートルまでは使えます。

青山　では、日本海で使えそうです。

※4　海図の作成

※5　張力計のこと、ワイアの張力を測ることができる機器

西尾　正確な貫入深度を測る技術が適用できれば日本海でも十分使えるでしょう。そもそも地盤工学的な情報が日本海は足りないので、物理探査だけでなく、貫入試験などによる調査も必要だと思います。それがないと、MH回収方法の適用性も判断できません。

青山　MHの産状（鉱床があるところの状況）が四種類くらいあるらしいとボーリングしてわかったようですが、どこにどういう産状があるかまではまだわかっていません。

西尾　MHの産状評価や物性の計測はこれからだと聞いています。

――バイカル湖で試したウォータージェットを使うMH生産

青山　先ほど仰《おっしゃ》った、バイカル湖ではウォータージェットでMHを採ってみたということをもっと詳しく教えていただけますか。

西尾　ガスの回収実験は二〇〇八年に行いました。以降も同じサイト（調査区域）でCPTによる詳細な調査を続けています。

青山　ウォータージェットはどうやって使うのですか。

（※青山による註　ここでいうウォータージェットとは、船を推進する装置ではありません。切削《せっさく》加工技術のひとつです。加圧した水を小さい穴を通して得られる細い水流がウォータージェットで

す。水なのに、まるで刃のように切断できます。水流の速度を遅くして、ガラス面や金属面の汚れを落とすこともできます）

西尾　ウォータージェットを使って、ＭＨのある地盤を掘削・攪拌《かくはん》することによりＭＨを水に溶解させてポンプで引き上げたのです。地盤がそれほど硬くなく、深部で流れのないバイカル湖だからこそできた方法でした。

青山　下でウォータージェットが出て、湖水とハイドレートの混じったものが一緒にチャンバー（容器）のなかに入りますね。そこにホースがあるのですか。

西尾　そうです。まず、鋼鉄製で茶筒の形をしたチャンバー（直径一・二メートル、高さ二メートル）を、湖底に着地させます。チャンバー内部には、ウォータージェットのノズル三二本（水平に一六本、垂直に一六本）を装着してあります。

チャンバー下部は開口していますから、内部には湖水が入っています。

次に、ウォータージェットで湖底の表層のＭＨ層を掘削し、攪拌すると、ＭＨは水に溶解します。この溶解水を湖上へポンプで揚水すると、水圧が減少しますから、ＭＨのガスが水から分離します。この分離したガスを湖上で回収すれば作業完了です。

この方法なら、ＭＨの温度も圧力も変化させずに、ガスを解離し、回収できるわけです。ＭＨの解離は、チャンバー内でのみ発生し、チャンバーの外側ではメタンは一切発生しないことも大きな利点です。

この方法論自体は、陸水学研究所のグラチョフ所長のアイデアです。

青山 バイカル湖のハイドレートも日本海と同じ表層型なのですね。

西尾 そうです。それから、砂層型のＭＨもあります。バイカル湖の北のほうはまだ調査が進んでいません。南側と中央の湖盆（※６）を中心にＢＳＲ（※７）があって、その上に表層型ＭＨがあります。我々はＢＳＲや泥火山（※８）の分布を頼りにＭＨのある場所を探しました。

青山 バイカル湖のＢＳＲの分布はロシア側が調べたのですか。

西尾 一九九〇年ごろにアメリカとロシアが共同研究で調べたことがあります。その頃からＢＳＲの調査が進み、ＭＨがありそうだとわかっていました。ベルギー、ロシア、日本などの国際共同研究で二〇〇〇年過ぎに表層型ハイドレート研究が始まって、その流れで、二〇〇六年からＭＨの回収実験に着手しました。

青山 バイカル湖のＢＳＲ下に（在来型の）天然ガスもあるのですか。

西尾 あると聞いています。

青山 （ロシアの深海潜水艇の）ミールを使った調査もしたそうですが。

西尾　ミールの本当の最大潜航深度は六〇〇〇メートルですが、バイカル湖はいちばん深いところで約一六〇〇メートル、我々がミールで潜ったのは六〇〇メートル程度です。安全のため、ミール二台で同時に潜ります。

青山　ロシアはミールをどれくらい所有しているのですか。

西尾　二台です。ミールは三人乗りで、オペレーターとオブザーバーふたりが乗ります。映画『タイタニック』の冒頭シーンもミールで撮った映像です。

青山　ミールはオファーがあればロシア国内どこへでも行くのですか。

西尾　バイカル湖に来たのは例外中の例外だと思います。基本は北海などの海洋調査に使われています。

青山　そのような調査研究で、ウォータージェットがどのように使われているか、

※6　湖沼のなかで水をたたえている部分

※7　海底疑似反射面。海底下を人工的につくった地震波で探査したとき表れる反射。MHの存在を示すことが分かっている

※8　メタンなどを含む高圧の流体が透水率の低い堆積物に覆われている場合、水圧が泥の粘性によって決まるある値を超えると泥は押し上げられて、海底に盛り上がり小形の火山に似た泥火山をつくる

もっと詳しく教えてほしいです。

西尾　どういうウォータージェットを使えば、どう掘れるか、それが肝心ですね。

それは、地盤の固さを実験的に調べて決定しました。毎分一八〇リットルの水を毎秒一〇メートルの速度で噴射しました。湖底の表層付近にＭＨがあり、岸から近い場所を選定してから実行しました。場所を選定するときには、以前にコーン貫入試験（ＣＰＴ）で取ったたくさんのデータが役に立ちましたね。

青山　回収実験に用いたパイプの材質は何ですか。

西尾　硬質ポリエチレンです。海洋深層水の取水管としても使われているパイプです。

パイプの長さは水深に合わせて決めます。ロシアの極寒の冬の間に、凍った湖面の上でパイプを繋《つな》げて湖岸に保管し、夏に調査予定地点まで曳航《えいこう》して調査に使うというけっこう大変な作業でした。

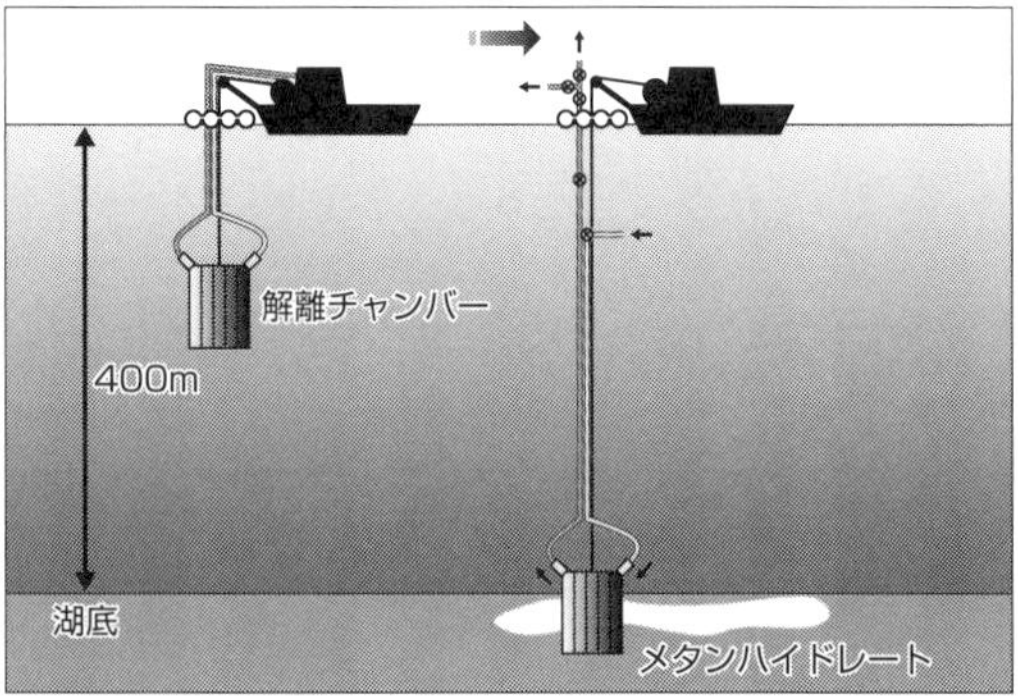

【資料協力：清水建設株式会社】

青山　チャンバーを使ってＭＨを船上に回収した時点でガスになっているのですか。

西尾　そのままで火がつくほど、純度の高いガスでした。量が少なく、ろうそくの炎程度でしたが……。バイカル湖ではお金と期間の問題があったので、それができる最大のことでした。

とにかく、ＭＨからガスが回収できるかどうか、このやり方で正しいかどうかという方向性のチェックをしたのです。

青山　効率はどう上げるのですか。

西尾　相手の素性を知ったうえで、次のステップをいろいろと考えるべきです。だから、まず地盤の調査をやります。物性を測ったうえで手法を考え、経済性なども高めなくてはいけません。

表層型ＭＨの物性が分かれば先に進める

青山　それは、まさしく同感です。政府予算で表層型ＭＨの調査を二〇一五年度までの三年間、日本海側でやってきましたが、調査範囲を広くしたために、逆にやることが限られてしまったと考えています。

西尾　資源量評価が進み、その分布がある程度明らかになれば、二〇一六年度以降、サイト（※9）を限定して、物性の調査を実施し、先に進めるのではないかと思います。

青山 それを経ないと開発のしようがないということでしょうか。

西尾 「MH21」の砂層型MHと同様、表層型MHも物性を調べることが重要だと思います。

青山 砂層型MHも海域によって海底地盤の粒径が違ったりするので、ひとつの生産セットがすべての海域に応用できるわけでないと聞きましたが。

西尾 その通りです。産状も、海底地盤の物性も、違います。砂層型MHも地盤調査をやったのだから、表層型MHもやらないと開発できないでしょう。

表層型MHといっても表面だけにしかないわけではないので、さらなる調査が必要です。簡単には次のステップに進めません。

青山 日本海側はもう少し予算さえ多ければ、時間的に速く進められますか。

西尾 圧力コアを取ったりするステージが必要です。調査期間が限られ、日本海側の漁業問題も絡んでいると聞いているので、予算だけでは解決できない問題もあります。

バイカル湖のプルーム解明はこれから

青山 私は主に魚群探知機のソナーなどでメタンプルームを見ています。表層型MH

からも、太平洋側のＭＨからもプルームが出ている場所があります。

西尾 私は、そのあたりの詳しいことはよくわかりません。

青山 いま、かなりの量のプルームが出ているのは事実ですから、実際に出ているプルームからメタンガスを回収して、燃やして使ったほうがいいのではないかと思っています。というのも、プルームはメタンガスとして自然に大気中に出ていっているので、温室効果対策という意味でも、意義があります。

西尾 バイカル湖でもメタンプルームが出ている場所がありますが、常時出ているとは限らないようです。また、プルームがなくても表層にＭＨがある場合もあります。私はそういったバイカル湖の経験から、プルームだけでＭＨの有無の判断をするのは難しいと考えています。

青山 ＭＨがあるところの地下構造がまだよく分かっていません。だから、表層型ＭＨも砂層型ＭＨも、どのようにしてメタンガスが上昇しているのか、実はまだよく分かっていませんね。

西尾 私も地質には詳しくありませんが、ＭＨの生成メカニズムはまだ十分に解明さ

※9 ＭＨが十分にある地層

れてはいないようです。

青山　私もバイカル湖の水中の音響データを見たことがあります。メタンプルームがなくても表層型ＭＨがある海域では、閾値《しきいち》を調整すればメタンプルームを見ることができる場合があります。それからプルームが明瞭に見えなくてもメタン湧出があるところもあります。それはメタンセンサーでメタンの存在を確認していることでわかります。

ところで、チャンバーはロシアに置いてあるのですか。

西尾　そうです。日本から毎回持っていくのはＣＰＴプローブ（コーン貫入試験用の装置）だけです。

バイカル湖での調査は、あくまで表層だけです。ボーリングしたら違うかもしれませんが、バイカル湖には掘削船がないので調査のしようがありませんでした。日本の国立環境研究所（国環研）がボーリング調査をやったことがあるとのことですが、夏の間に艀《はしけ》を目的の水域まで曳航し、結氷を待って艀の上から掘削したようです。そうでもしない限り、ボーリング検査はできません。

青山　なかなか大変そうな調査ですね。

西尾　大変といえば、毎回ロシアにＣＰＴを持っていくとき、「我々は共同研究者であって、怪しい人間でない」という証明を、ロシアの研究所の所長に日本語、英語、ロシア語で書いてもらって、実験現場に持っていくのですが、空港でのチェックがとにかく大変です。

地盤工学の調査が不可欠

青山　現場は好きですか。

西尾　好きです。「ちきゅう」にも乗ったし、バイカル湖では一五〇日くらい調査していました。ただ、いまは日本大学での授業があるので、なかなか現場に行けないのですが。

青山　日大とどういうご縁なのですか。

西尾　前職では清水建設技術研究所に勤めていましたが、私の北大時代の恩師が二〇一五年に日大を退官されたので、私が後任として引き継ぐことになりました。いまも地盤工学の立場から清水建設は「ＭＨ21」に関わっていますし、表層型ＭＨについても意見交換をしています。清水建設でも、引き続き表層型ハイドレートの開発に取り組んでいます。

青山　つまり、西尾さんの古巣の清水建設は表層型ＭＨの生産手法を開発する予定なのですか。

西尾　実際にはまず調査結果を精査したうえで生産手法を見極めることになるでしょう。

青山　これまで政府予算を投じた表層型ＭＨの調査は、理学部的な調査ばかりだったので、生産手法の開発に繋がる地盤工学系の調査も重要です。

西尾　そう思います。生産手法を実現させるためには地盤工学系のデータが必ず必要となります。色々な課題があるのも事実です。そもそも、表層型ＭＨはあることはわかっていても、採るべき資源としてしかるべき量があるのかどうかですら、まだわからないからです。

青山　アフリカのルワンダのキブ湖でメタンガスがたくさん出ていますが、それを回収してすでに発電に使用しています。メタンガスの回収技術を確立したようです。そうしたこともあるので、バイカル湖でも何とかＭＨを実用化できるのではないでしょうか。もちろん水温、気温などの条件が大きく違いますが、キブ湖ではかなりの量を発電しています。

西尾　アフリカといえば、バイカル湖で回収実験する前に、カメルーンのニオス湖に視察に行きました。三〇年くらい前にCO_2の湖水爆発があり、周辺の住民一七四六人が窒息死しています。

富山大学の日下部実先生が、湖底にあるCO_2を湖上に排出させて爆発を回避するプロジェクトを進めています。その技術がまさにハイドレート回収に使えると思い、見学も兼ねて現地へと行ってみたのです。

青山　日下部先生の湖水爆発の研究には、私も関心を持っています。

西尾　CO_2だからメタンとは関係ありませんが、ニオス湖でも硬質ポリエチレンパイプを使っていたので、現地に見にいったという側面もあります。

予算をかけたぶんの成果は出ているのか

青山　「陸上からどんどん掘っていき、海底のハイドレートに到達すればいいのではないか」という意見があります。表層型ＭＨでも陸の近くにあるので、その可能性があるのではないでしょうか。

一方で「地盤が軟らかく、海底面が近すぎて無理ではないか」という意見もありますが、技術的には実現の可能性はあるのでしょうか。

西尾　陸上からどんどん掘っていくとすると、トンネルは一本では済まないでしょう。トンネルが多数、必要だということは、回収効率が悪いのではないでしょうか。

そもそも、ある程度集積されたものが限定された範囲内にあれば、資源として使えますが、分散して存在しているのなら、実用化は難しい。効率的に集められなければ資源として使えないでしょう。

青山　表層型ＭＨも、使える資源として考えるなら、集積度が命です。日本海側は点在しているから、やはり難しいというお考えですか。

西尾　いや、点在の「点」自体が大きければ大丈夫です。

青山　それも下のほうまでびっしり集積されてあればいいのですが。

西尾　それが（政府予算による調査での）コアリングである程度解明されるはずです。

青山　調査に偏りがあったために、分からないこと、手を付けていないことが多すぎます。ただ、表層型ＭＨは四種類型くらいに分類できることは分かっています。そのなかに資源になるＭＨがあると思われますか。

西尾　「せっかくあるものを、我が国としては利用しない手はない」ということこそ、バイカル湖を活用したＭＨ研究のきっかけだったのです。だから資源になる表層型ＭＨがあることを、祈っています。

とはいえ、我々技術者はデータを取る前に祈ってはいけないと思っているので、期待はしていますが「資源になる」と断言はできません。

青山　理学的なデータだけではなく、工学的なデータをもっと集積する必要があるということですね。私も賛成します。では、砂層型ＭＨは資源になりそうですか。

西尾　海洋産出試験の結果に期待しています。

青山　石油天然ガス・金属鉱物資源機構（ＪＯＧＭＥＣ）の研究者によると、「砂層型ＭＨは、基礎物性がわかっていないので、『日本の天然ガス使用量全体の一一年分ある』と言っていますが、基礎物性に関するもっと詳細なデータが欲しい」とのことでした。減圧法でＭＨを吸い込んだときの挙動がまだよく分からないので、そのデータも欲しいという話をしていましたね。

西尾　そのデータは第二回の海洋産出試験で得られるチャンスがあります。

青山　ＪＯＧＭＥＣの人もマスコミに正確なことを言うべきではないでしょうか。前回のように「管に砂が詰まってしまった」というような話だけで、一般もマスコミも「もうＭＨはダメか」と思ってしまいます。

西尾　まだ誰もやっていない未体験ゾーンだから、わからないことだらけで正確に伝えるのが難しい部分もありますが、世間に分かり易くアピールすることも大事なところです。

青山　わたしたち科学者自身も、マスメディア、ジャーナリズムの正しい、フェアな活用を考え、学ぶべきですね。

「コーン貫入試験でＭＨの物性を」
対論を終えて――

西尾さんの話から、①日本海側の表層型ＭＨは地盤工学のデータがまだ足りない②ウォータージェット技術を使うときにも地盤の硬さをあらかじめ知る必要がある③表層型ＭＨを陸上から掘り進めていくのは回収効率が悪い――ということがわかりました。

対論で「プルームだけではそこにＭＨがあるかないかの判断は難しい」と西尾さんは仰いました。その根拠はバイカル湖で観測しているときの経験によるとのこと。その経験とは、プルームのない海域にも表層型ＭＨがあったからですね。

私はすこし見解が違います。西尾さんの考えに至るには、以下の計測を試みてからじゃないと言えないと思うからです。

次頁の図をご覧ください。これは日本海において魚群探知機で計測したエコーグラム（海底面と海中の音響イメージデータ）です。上図の左側の海域にはプルームがないように見えます。しかし、閾値《しきいち》（threshold）を下げるとその部分にはプルームが表れます（下図）。このように一見プルームがないと見えるところにも実は弱いプルームが出ていて、閾値を下げればエコーグラムで見える場合があります。

したがって、西尾さんが経験したバイカル湖の場合も閾値を下げれば、弱いプルームが出ていたのが確認できた可能性が充分にあります。

私がバイカル湖に観測に行く機会があったら、ぜひ音響観測機器の閾値を下げて弱いプルームを探査したいと思います。

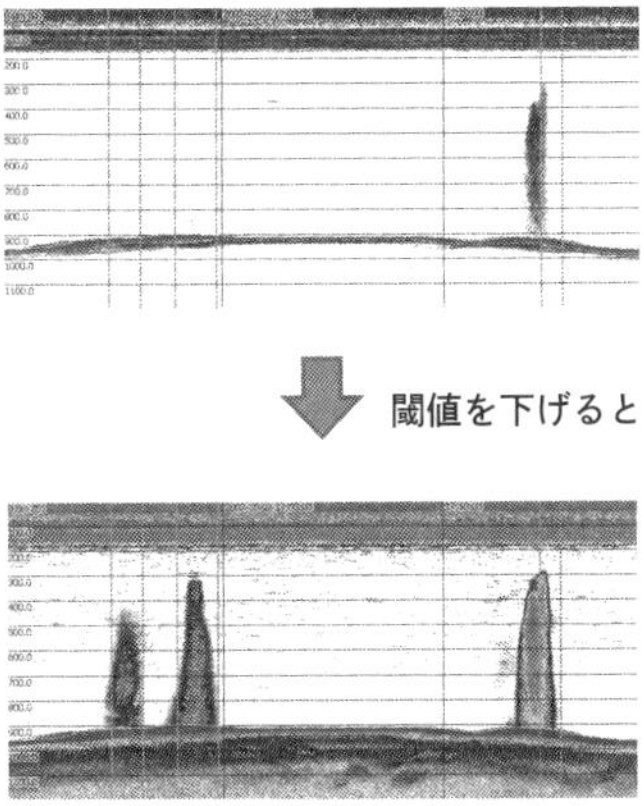

弱いプルームが見える

堺港発電所、その世界最優秀の技術者たちとの対話

わたしは二〇一五年の秋に、当時、独研（独立総合研究所）の社長・兼・首席研究員だった青山繁晴・現参議院議員らと関西電力の堺港火力発電所（大阪南部）を訪ねました。

ここにはおよそ八〇〇〇キロメートル以上かなたのカタールなどより、天然ガスをまずコストをかけて液化して（ＬＮＧ〔液化天然ガス〕）から運んできます。やっとこの発電所に特設されたＬＮＧ基地の受け入れ港に着くと、またコストをかけて気体のガスに戻して、発電に使います。これが例えば京都の舞鶴からパイプライン経由で、日本海の沿岸市町村の目の前から採ったメタンハイドレート（ＭＨ）のガスを直接、持ってくれば世はどれほど音を立てて変われるでしょうか。

仮に全部ではなくて一部だけであっても、ガス代は下がり、産業のコストも家庭の生活費も下がり、過疎に苦しむ日本海側に、日本にはあり得なかったはずの資源産業が勃興し、日本経済は画期的な底上げが実現し、デフレを脱却する大きなきっかけを

〔巨大な発電システム〕

摑《つか》むのではないでしょうか。

　わたしたちは先にいくつかの火力発電所の複数の所長さんから「わずかな施設改変でＭＨ由来のガスがそのまま使えます。発電できます」と非公式に聞きました。これが本当なのか、現場で確認するために訪ねました。

――コンバインド発電施設

所長　発電所が出来たのが一九六四年、東京オリンピックの年でした。当初は油を燃料としていましたが天然ガスに移行しました。排気ガス中の窒素酸化物を除去するなど、環境対策にも力を入れてきました。都市部にある大容量の発電所と

堺港火力発電所
【写真協力：関西電力株式会社】

して貢献してきたと言えます。さらなる環境対策のため、それから施設の老朽化により平成一〇年代にガスタービンコンバインド発電施設への設備投資となり、二〇〇六（平成一八）年から更新工事を開始し、現在の形になりました。

計画課長　ここはエネルギーを別種のエネルギーに変える、エネルギー転換工場といったようなところです。いかにエネルギーを効率的に安定的に調達して、安価で使いやすい電気という二次エネルギーに変換するか、これが我々のミッションです。今日、皆さんがおいでになった堺港発電所では天然ガスの燃焼エネルギーと、そこから生まれた蒸気のエネルギーとを組み合わせたコンバインドと呼ばれる発電をしています。

堺港発電所は四〇万キロワットの発電システムを五機備えていて、合計二〇〇万キロワットです。原子力二基分の出力規模です。

関西電力が供給する電力は、この季節（九月）は大体二〇〇〇万キロワットくらいを最大需要と見込んだ運用をしているので、堺港はその一〇分の一を関西に供給している非常に重要な電源になります。堺港は一〇％ということで、何かがあってここが止まってしまうと、電力の安定供給に支障を来たす恐れがあります。

堺港発電所の燃料はいま、天然ガスです。ご覧の通り天然ガスは天然ガスを液体の状態で輸入しまして、堺LNG基地で気化したものをガス導管に繋《つな》いで堺港発電所に入れています。

カタールとオーストラリアからの天然ガスが六〜七割です。ふたつの発電所に堺LNG基地からガスを供給しています。この発電所から地中線で四つの変電所に送られまして、関西全域に電気を供給しております。近隣のコンビナート企業にも専用送電線で送っています。この発電所は五〇年という歴史がありますが、コンバインドサイクルになったのは最近のことです。皆さんが見ている八本の煙突は古い発電設備で、大きな煙突はいまは動いていません。古いのをつぶして新しいのを建てたのではなくて、古いのはそのままでタンクだった場所をさら地にして、新しいものを同じ敷地に建てた状況です。海水系統やいくつか共同部分、例えば排水処理施設は旧施設を流用して、コンパクトに短期間で低コストで完成させたということになります。初期型と最新鋭までふたつ同時に見られる貴重な場所です。

青山繁晴独立総合研究所社長（当時、以下独研社長） コンバインドサイクル発電方式自体が、火力発電所としては世界最先端の技術ですか？

所長 そうです。世界最先端レベルといいますか、もう少し最先端のものもほかにあるのですが、最先端と言って概ね差し支えございません。

独研社長 ほお。堺港よりも先進的なところは、どこがどう違うんですか？

所長　いわゆるガスタービンが燃焼するところの温度が違います。高い温度を使ってどーんとエネルギーを入れるというほうがさらに高効率になっています。ここ堺港は一般的に「一五〇〇度級」といわれる発電所でございます。一五〇〇度というのはガスタービンの入り口のガスの燃焼温度のことを指しております。

独研社長　そのもっと高効率なところは世界のどこですか？

所長　関西電力にございまして、姫路第二発電所というところが一六〇〇度級です。

独研社長　それが世界最高？

所長　そうです。一七〇〇度も将来的には実現する方向ということでいま、実用化に向けて段階的に進んでいると聞いています。

青山千春博士（以下、青山）　この技術はどこの国のものですか？　日本ですか？

所長　このガスタービンは三菱重工製ですが、いまはこのセクションが日立と合併したので、三菱日立パワーシステムズです。

独研社長　要するに国産ということですね？　コンバインドという火力発電所は世界にどれくらいあるんですか？

所長　いっぱいあります。ガスタービンの出荷台数で言いますとアメリカのＧＥが世界一位です。

独研社長　三菱日立が合併したのはそれに対抗する意味もあるんですね？

所長　あるんだと思います。

独研社長　国産を採用しているのはどうしてですか？　ＧＥじゃなくて。

所長　競争入札の結果です。

――パイプラインで日本海から

独研社長　私は世界中の原発を見ていますが、火力発電所は、詳細に見て調べるのは今回が初めてです。火力発電所も行ったことはあるけれど詳しく回るのは初めてです。今日、わたしたちがお訪ねしたひとつの大事な目的は、メタンハイドレート（ＭＨ）。それもわたしたちがやっているのは日本海で採れる表層型ＭＨといいまして。おそらくまず部分的な実用化には近い。太平洋側のは砂層型と言って砂と混じり合っているからコストがやはりかかるでしょう。そこでいま、京都府をはじめとする日本海連合（※１）と経済

※１　日本海におけるＭＨ、石油、在来型天然ガスなどの海洋エネルギー資源の開発を促進するため、二〇一二年、日本海沿岸一〇府県が連携して設立した団体（その後、青森県、山口県が加入し、一二府県に）。青山繁晴参院議員が民間人時代に山田全国知事会長（京都府知事）らに提案して実現した

産業省とわたしたちと連携しつつあって、パイプラインの研究も始めました。
堺港も、ＬＮＧ基地にカタール、オーストラリアあるいはインドネシアから買ったＬＮＧを運んできて、コストをかけて気化しています。
釈迦《しゃか》に説法ですが、日本は先進国のなかで珍しくパイプライン網がありません。とくに近畿はゼロに等しいですから、国家と地域のエネルギー安全保障、危機管理としてもパイプラインで日本海側から持って来ようと考えています。目途としては経産省と話しているのは二〇二五年、あと一〇年のあいだにＭＨ発電というのを実用化したいと思っています。基本的にここの設備は、パイプラインと大阪ガスの導管で日本海からガスがここに来ても、発電所の設備に変更はいらないですよね？

所長　はい、そうです。ＭＨの成分が天然ガス、といいましてもCH_4（メタン）が一〇〇％ではないんですけれども、恐らく日本海側のＭＨと、いま輸入しているガスと、そんなに主成分は変わらないと思います。あと不純物を除去したりとか、そういったものが上流工程ではあるんでしょうけれども、そこからいわゆる調整されたガスという意味では同じになります。だから受け入れるという意味においては、成分さえ同じであれば問題ないです。

独研社長　発電所にいま、入っている天然ガスはCH_4とあと何があるんですか？

所長 CH_4がほとんどですね。九割方CH_4で、あとはエタン、プロパン、ブタン、ペンタンです。高い熱量の天然ガスですとメタンが九割程度で、残りはそのエタンやプロパン等のものです。もうちょっと熱量の低い天然ガスであれば、それこそメタンが九八％とか九九％とかほとんどがメタンです。

青山 熱量が低い場合の解決策は？

所長 一般的にガス会社とか弊社もそうなんですけど、熱量調整として、ＬＰＧ、すなわちプロパンを添加して、最終の熱量を合わせにいく、高くしていきます。

青山 添加物？

所長 というか、増熱用のガスです。

独研社長 天然ガスの成分は御社のリクエストでこうなっているのではなく、カタール、オーストラリアから売られるものがこういう成分だということですね。

所長 はい。例えば、オーストラリアの天然ガスで熱量が高いものがあるのですが、それはエタンなどの熱量の高い成分が多いからです。メタンが多いとメタン自体の熱量が低いんでガスとしての熱量が低くなります。

独研社長 するとＭＨを実際ガス化したときの成分が、現在ここで使っているものと違っていれば、調整する必要があるんですか？

所長　基本的には弊社も当然熱量が低い天然ガスもコストが安くなれば（歓迎できる）。最近、弊社でも低い熱量のメタンがメインのガスの燃焼試験にも取り組んでいるくらいです。

ＭＨはおそらくメタンがほぼ一〇〇％だと思うんですけど、たぶん設備的にはそのまま燃やせる、消費できるであろうと思います。

わたくしどもＭＨは素人ですのであれですけど、そのＭＨが産出したときに窒素ですとか水銀ですとかが仮に含まれているようであれば、それは上流側で除去したうえで発電所に持ってくる必要があります。

独研社長　それは当然のことですね。つまり、いままでの天然ガスビジネスとなんら変わらない。御社に納入する前に不純物は取っておいてくださいというだけですから。あえてもう一度聞きますが、何か懸念事項というか、技術的にＭＨをガス化したものを使うときの懸念、不安、あるいは関心事項はありますか？

所長　強いて言えばまずはひとつ。量の問題と、あとは圧力とか流量の安定性というところが非常に重要だと考えています。この堺港発電所でいいますと一時間あたり二五〇トンくらいの天然ガスを消費します。一日でいうと六〇〇〇トン。現在ＭＨは商業化されているわけではありません。産業用の発電所でＭＨを消費しようと思うと、それぐらいの規模のボリューム感が必要になります。いまは堺LNG基地でいったん液化された天然ガスを貯蔵して、そこから気化させて堺港発電所まで送っていますが、それは当然、圧力とか流量が一定になるようにタンクがバッファー機能を果たしながら送ってきています。それがMHになった場合にも、量とか圧力が安定して送れるようにバッファー機能が必要不可欠ではないかと思います。

青山　パイプラインを引いてガスをここまで持ってきてここで使うよりも、MHを日本海沿岸で採って、すぐにその場で使ったほうが良いという考えもありますね。

独研社長　パイプラインの建設コストは、国の試算ですと一キロ数億円かかると。五億円とかそれくらいかかるとたしか拝見しました。ただそのコストは新たに用地買収をした場合のコストですから、すごく高くなります。高速道路に沿わせてつくれば、コストは格段に下がります。

所長　太平洋側に運んでくるか、日本海側に発電所をつくるのか、という検討もあるかもしれません。

独研社長　発電所をつくる可能性はあるんですか？

所長　その場合、送電線をあらたに整備する必要があります。つまり発電側のコストがかかるので、できれば既存の設備を新しくやりかえるというのが安くつきます。

青山　ここはコンバインドサイクルですが、そうではない火力発電所がまだいっぱいありますね。そこも順次コンバインドに変えていくんですか？

所長　基本的なスタンスとして一種類の燃料に過度に偏るのは良くないと考えています。バランスよくというところで、弊社としても石炭とＬＮＧをバランスよく開発していきたいと思っていますので、長期的には老朽化した設備の更新等も必要になってくると思います。その地点の特徴に応じた形で燃料も選択していきたいといったところです。

独研社長　コンバインドサイクルはＬＮＧが原料の発電所じゃないとつくれないんですか？

所長　石炭の最新技術としてＩＧＣＣと呼ばれているもの、すなわち「個体の石炭をガス化することでコンバインドで燃料消費できる」（※2）技術。そういったものを福島県の勿来《なこそ》で実証試験用につくってテストされていました。けれどもいま、実証試験が終わって商業運転しています。

独研社長　その先進型石炭火力と言うべき発電は褐炭《かったん》（※3）ではできないのですか？

所長　褐炭でもできます。褐炭への適性も比較的ございまして、質の悪い石炭も消費できます。

独研社長　じゃあコストが下がる？

所長　褐炭は物自体の熱量が低く、輸送効率は非常に劣ります。だからオーストラリアから持ってくることになれば、ひとつは輸送コストが高くなります。

独研社長　熱量が低いから沢山《たくさん》の量を持ってこないといけないんだ。

所長　はい。あとは発火性があるため、輸送時や貯蔵時のハンドリング（取り扱い方）の課題があり

※2　ＩＧＣＣとは、ガス化炉内で石炭をガス化し、燃料ガスを発生させる技術。この燃料ガスをガスタービンに導き、燃焼させることにより、ガスタービンを回す。さらに高温の排ガスをボイラーに導いて蒸気を発生させ、蒸気タービンを回す（下図参照）。

※3　質の劣る石炭。北朝鮮が中国に売っているものなど

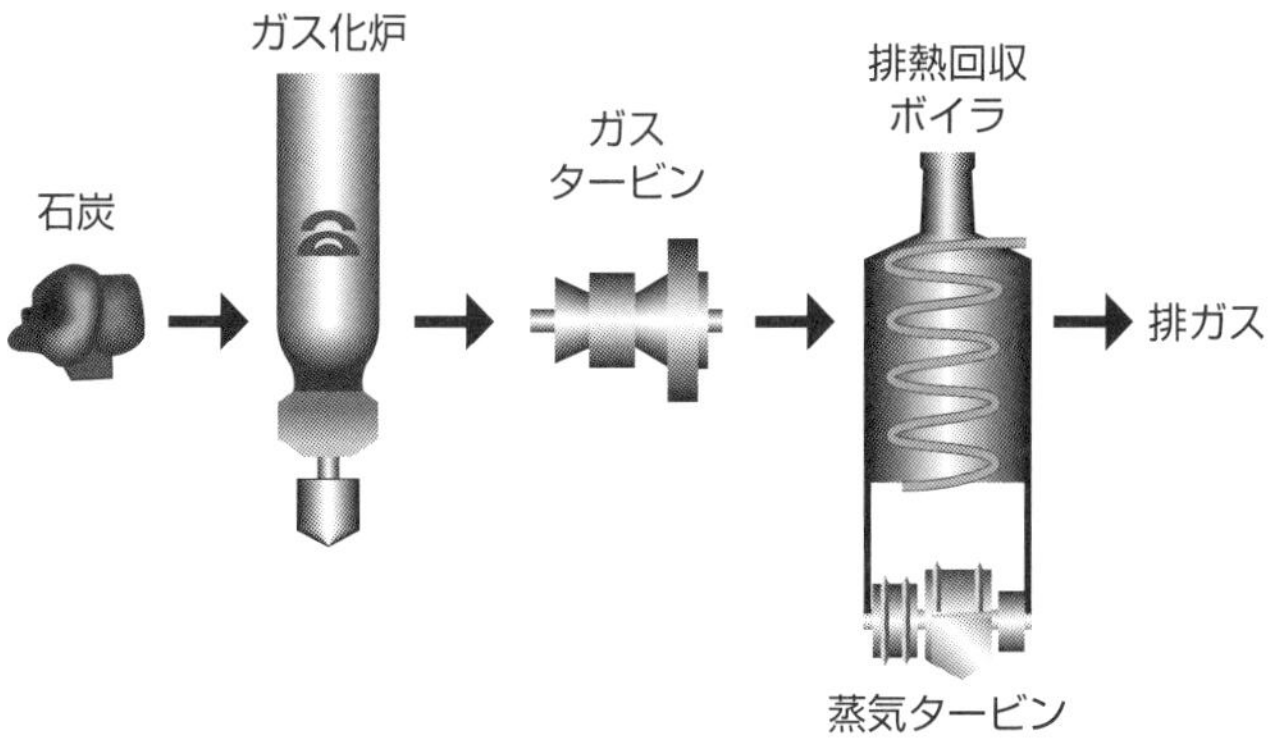

ます。

独研社長　もしも石油価格が暴落を重ねてガスより安くなってしまったら、この図そのものが変わるんですか？　一番コストがかかる水力を別にして順番の入れ替わりがあり得るんですか？

所長　順番は場合によっては変わります。ただやっぱり、天然ガスとか石炭のほうが一度に大量に持ってきてそれをストックして焚《た》けるというメリットがあります。連続運転（を安定的に行うため）の優位性という面においては石炭や天然ガスのほうが高いです。それから基本的に天然ガス価格も石油にリンクしていますので。石油が暴落すれば天然ガスの価格もそれに見合って下がりますし。

独研社長　リンクしない時代が来るかも。

所長　それは来るかもしれませんね。

独研社長　これからMHを使う場合、御社のメリットを確認させてください。コストは安くなったらもちろんメリットだけど、それ以外に国内資源だったら世界情勢に左右されない、あるいは商社の仲介が要らない、というメリットはありますよね？

所長　はい。

独研社長　それ以外にも何かメリットはあり得ますか？

所長　北米、オーストラリア、中東ですとかそういったところからLNGを持ってくると当然、輸送にも日程がかかります。北米ですと一か月程度。そういったものが国産で安定的に生産できれば調達安定性の面ではメリットになりうるのかなと思います。それに、船の天候とかでのリスクはなくなるのかなと。

独研社長　あとですね、私が考えている発電所のメリットが実はもうひとつあって、イメージが良くなるんですよ。日本海側でＭＨを実用化したら雇用を生むから、日本海側の勃興に繋がる。資源産業だけはあり得ないと言われた国の、それも過疎地域が資源産業で勃興する。それを発電所が大量に使ってくれている。しかもクリーンで安い電気になると、企業イメージが随分、変わると思います。いまは中東の王様が儲かっているだけだというイメージがあるから、それががらりと変わります。やってみたら予想していたよりもっと変わると思います。

青山　「ＭＨ21」というＭＨのコンソーシアムが二〇〇一年からいまも続いています。その前段で「ＭＨ21」を立ち上げる前に、民間会社、すなわち御社（関西電力）や大阪ガスとかＭＨを使う人たちも入った、エネルギー経済研究所というような名前で色々ＭＨに関しての可能性を調べた研究報告書を見せてもらいました。その中間報告書を見たんですけれども、それには御社の名前も書いてあり、それの結論として政府がその時点ではＭＨをエネルギー資源として考えにくいという結論だったから民間企業もじゃあしばらくはやらない、考えるのはやめましょうということになったという説明を聞いたのですが、それは、そういう認識で合っていますか？

所長　我々としては一般的に経済性が確保できて、安定的に量が確保できてというところが大前提かと思います。当時の状況ですと、恐らくそうではなかったし、いまでもまだそこまでは至っていないと認識しています。我々ユーザーの立場としましては、そういった課題がクリアになってお客様のためにメリットのある燃料であれば、その時点で採用を検討することになるんじゃないでしょうか。

青山　いまや政府も日本の周辺にあるＭＨをエネルギー資源として考えようというふうに、考えが十何年前とはずいぶん変わってきています。この段階で政府が、じゃあ民間企業もまたやりましょうって声をかけたら、御社もいまとは違う動きになりますか？

企画担当者　検討会に参加するしないで言えば、弊社にできることがあれば参加させていただくことにはなると思うんですけれども、ユーザーとしての立場で経済性なり安定性なりの判断基準がクリアになるかどうか。そこは従来から変わらないと思います。

青山 御社は、やっぱりユーザーの立場だけでＭＨとは付き合う感じですか？

企画担当者 採掘等のノウハウは弊社にはありませんので。

青山 日本海側のＭＨは結構海底に出ていて、浅いところにあって、塊であるから土木的にガーッと掘れば、浮力があるからふわっと浮いてくるから、どうにかして採って地上に上げてガスに変えるということも考えられます。ＭＨをガーッてやることは、例えば御社が黒部ダムをつくったときに似てないですか？ 掘る技術が使えそうな気がするのです。素人ですが。だから御社も参画できないかと考えてしまいます。

企画担当者 我々は電力事業者ですから、あんまりその分野が違うところのエキスパートではないので。

例えば資源の採掘とかそういうのを専門にやられている事業者がいらっしゃいますので、そのエキスパートの力がいるのかなと思います。

いまの厳しい財務状況では早期に財務体質を強化すること、原子力を再稼働して、その結果としてお客様に電気料金を値下げすることが中心です。

青山 ＭＨに対して一般の人たちの注目度が最近すごく高くなっていて、原子力発電がこんな感じになっているからそれを補てんするものとして「なんとか自分たちの国にあるものを使えないか」という気持ちが高いのです。だからそこに御社が何かで関わるとすると、そんなにお金がかからない感じでもいいので、関わっていると御社のイメージがもっと良くなるんじゃないかなと思うんですけど。

所長　例えば国家プロジェクトとして位置づけられて、そこにエネルギー業界として検討会のなかに入ってと、そういうことは当然ありうると、我々もいままでそういうふうにやってきています。我々のニーズにちゃんと合う将来性があって、我々が将来できる権利を持てるとか、そういうインセンティブがあれば我々も当然そういうものに入っていくでしょう。

独研社長　電気事業連合会の決定がひとつの鍵になるということですね。

安倍総理に（民間の専門家として）話しているのは、再稼働の原子力とMHによるガス火力、それに再生可能エネルギーを合わせると、全部自前で資源を賄えることになるという事実です。

広く国策として進めていくときに、御社と大阪ガス、東京ガスを中心に既存の大発電会社とガス会社をどうやって加えるかが、これから政策事項になっていくわけです。そのときにMH由来のガスが国内で、ちょっと高くても買えるものなのか、それとも輸入天然ガス価格が一〇〇万BTU（ガスの基本単位）あたり一〇ドルなら一〇ドルを割り込まないと買えないものなのか、そこはどうなんでしょう？

所長　価格については何とも言えませんが、我々も燃料を一プロジェクトに限定するわけじゃなくて、幅広く持とうとしています。なぜかというと、安定供給のためです。

対論を終えて――

天然ガス火力発電所で、ＭＨから取れた天然ガスを使って発電！

ＭＨ回収技術の開発段階でも関電は資本参加するかどうかについては、回答をいただけなかったのは少しだけ残念でした。しかし逆に、積極的には動かない、慎重であるということは、政府からのオファーがあればやってくれるという希望を感じました。

何より、コンバインド発電施設においてＭＨから採れた天然ガスを利用できることが分かりました。これは実用化に向けて非常に心強い内容でした。

メタンハイドレート由来のガスなら効率よく発電できる

メタンハイドレートから採れたメタンガスで発電する方法、経済性、環境へのインパクトについて、九州大学の若きエース、渡邊裕章准教授にお聞きしました。

渡邊先生は早稲田大学の機械工学出身です。そこでは、ガスタービンや空力性能を研究していました。調布の宇宙航空研究開発機構（ＪＡＸＡ）の航空部門に三年間研修生として在籍し、企業の研究者らとも一緒に研究していました。

企業の研究部門との縁で電力中央研究所（電中研）へ移られ、火力発電の研究をしていました。主に石炭火力発電、最新の石炭ガス火力（コンバインドサイクル）が研究テーマでした。後者は福島の勿来《なこそ》で国産一号機として動いていて、そのプロジェクトには一五、六年関わられています。先端的でかつ着実な研究ぶりを高く評価されて、九州大学に迎えられました。

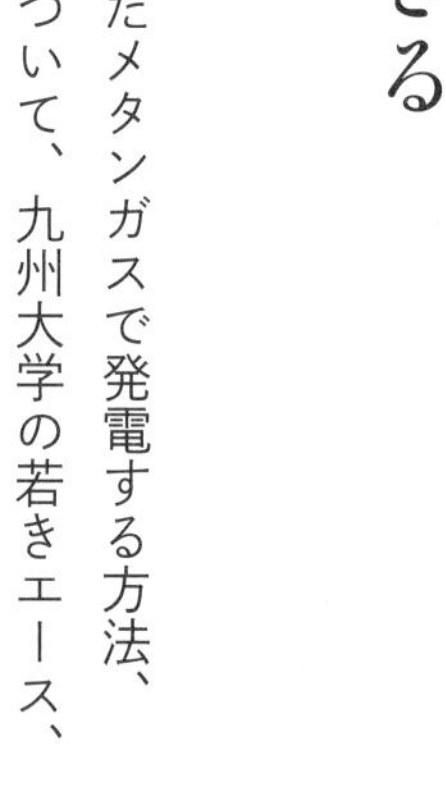

この渡邊先生とは、毎年一二月にサンフランシスコで開催されるアメリカ地球物理学連合（ＡＧＵ）という国際学会で初めてお目にかかりました。先生は、二〇一六年三月に新潟県沖でメタンプルーム回収実験を行ったときの共同研究メンバーのおひとりで、工学系のまさしくエースです。天才肌の鋭い知性の持ち主なのに、とても穏やかで謙虚な人柄です。学会が優秀な研究者に与える賞をいくつも受賞しています。

メタンハイドレートが実用化されても、発電所の設備の変更は不要

青山　メタンハイドレート（ＭＨ）が実用化された場合、発電所のハードの部分の見直しは必要ですか。

渡邊　発電所内の設備はほとんど変更が要らないのではと考えています。あるとすれば、燃焼の具合を調整する必要があるかどうかくらいでしょう。

メタンは燃えにくいので良く燃えるように加圧などの調整が要るかもしれませんが、それ以外については通常の設備でＭＨを燃料として使えると考えています。

青山　それはすごく嬉しい情報です。

渡邊　燃料の組成を調整する必要はなく、燃焼器を調整すればいいでしょう。メタン

の場合、火が自然には点かないことと、点いても圧力の変動で失火してしまう可能性があるので、その対策の仕組みを設備に組み入れればいいと思います。

点火しないことと失火してしまうことの関連、そのメカニズムがよく分かっていませんが、それを避ける方法は分かっています。

圧力変動がそのまま着火や失火に影響するのですが、サイレンサー（消音器）を入れると圧力変動を吸収できます。自分も含め、そのことを研究している人間はいます。この分野は、ガスタービン燃焼器の開発で最後に残った難しい課題でした。

表には出ていませんが、火力発電所内でもいくつもガスタービン燃焼器が壊れてプラントの取り替えという事態がありました。ロケットエンジンの爆発も同じような原因によるものがあります。

圧力がおかしくなると、発電所では経路をトリップ（遮断）させてしまいます。日本でも起きないとはいえないと思います。表に出ないので把握はしていませんが。

青山　日本海側でガスを採れば、そのまま資源として使えますか。

渡邊　ＭＨ由来のガスの場合、量の変動を吸収するガスホルダー（※1）を置いて、そこにそのまま入れれば良い。ＬＮＧはエヴァポレーター（※2）というものが必要ですが、ＭＨならそれが要らないので、効率も良いはずです。

青山　発電所内で、輸入したＬＮＧと国産のＭＨを交互に使うことは可能ですか。

渡邊　可能です。いまは重油とガスを交互に使っていますが、それに比べれば純メタンとＬＮＧはもっと容易です。海外では珍しいことではありません。日本はＬＮＧを安定供給できているのでこの方法をあまり使っていませんが、三菱重工などはその技術を持っています。

ひとつ問題になるとしたら、ＭＨのガスの採り方でしょう。青山先生とわたしたちが取り組んでいる、ＭＨのガスを捕集するタイプの方法論は、海底にあるものを海中で捕集するので、精製されているのに近いです。地中のものをそのまま採ると硫黄などが入るので、それを除去する装置が必要ですが、ガス捕集だと自然のフィルターにかけるようなものなので、除去する装置は必要なく、さらに効率がいいのではと考えています。

青山　ＭＨ由来のガスには、自然状態では硫黄が入っているのでしょうか。

渡邊　産地によって分析の必要がありますが、文献を見ると、硫黄分が入っているも

※１　ガスタンクのこと
※２　減圧することによって固体または液体を積極的に蒸発（evaporate）させる機能を持つ装置。気化熱を利用した冷却装置

のもあるようです。それは各産地で調べる必要があります。

青山　なるほど。

渡邊　電中研の同僚が書いた報告書で、MHの経済性について触れたものがあります。「ライフサイクル・アセスメント」というもので、例えば四〇年間使った後に解体する発電所があったとしたら、そこでつくられる電力と排出されるCO_2の総量を計算するというものです。

それによると、LNG火力発電は、火力発電ではCO_2排出が最も少ないといいます。

CO_2排出の内訳を見ると、発電所の建築などがあり、採取前処理があり、現地輸送の構築や国際輸送、運用があり、

最新鋭LNG火力のライフサイクルCO_2

前提条件

出力　1,000 MW　　LNG使用量　762,809 t/年　　耐用年数　40 年
熱効率 53 %　　投入発熱量　54.6 GJ/t　　利用率　70 %

解析結果

現状合計：430.09 g-CO_2/kWh（直接341.47, 間接88.62）

項目	種別	現状	MH使用	備考
発電	構築	0.60	↘	LNG設備省略可
	運用	4.48	↘	LNG設備省略可
	燃料	341.47	→	同一
採取・前処理	構築	0.57	?	採取システム次第
	運用	63.28	↘	精製簡略化可
国内輸送	構築	0	↗	国際輸送より低
	運用	0	↗	国際輸送より低
国際輸送	構築	0.63	0	なし
	運用	12.56	0	なし
MH効果		**0**	**-8195.28**	**大気放出量減**

【資料提供：渡邊准教授】

そこが国産のＭＨではゼロになります。しかも、ＭＨは自然状態、すなわち人類が活用しないでいると、プルームによりメタンガスが大気に出ているので温室効果ガスの係数は相当高いです。それを燃やせば係数はマイナスになります。そうなると環境改善に向けてかなりの良いインパクトになります。そういった評価もしていいと思っています。

それとは別に、国内でＭＨを採る話が本格化してきたので、ＭＨによる火力発電の全体像がいずれ分かると思っています。それで今回のプロジェクト全体のCO_2排出量が出てくるのではと思います。

青山　砂層型ＭＨでこのCO_2排出量算定をやっている人はいないのではありませんか。プルームという発想がないので、「ＭＨ21」ではやっている人間がいません。全体のCO_2量についても考えている人間がいないような気がします。

渡邊　砂層型ＭＨのほうは、工学研究が入っているといっても掘るだけで、環境工学を含めたアプローチは少ないのではないでしょうか。

やろうと思えばすぐにできるパイプライン設置

青山　日本には、つくった電気を送電するシステムはありますが、ガスを送るパイプラインがほとんどありません。そこで全国的にパイプラインを繋《つな》ごうという考えがありますが、パイプラインをつくった際のCO_2排出量はどこに入るのですか。

渡邊　国内輸送の構築に入ります。

青山　将来的には全国に張り巡らせたいのですが、まずは北近畿のパイプラインの敷《ふ》設《せつ》です。京都府の舞鶴港から兵庫県の三田《さんだ》市までパイプラインを短く引いて、ＭＨから採ったガスを近畿圏に持っていくのです。

渡邊　堺港と姫路にも効率の良い先進的なコンバインド火力発電所があります。

東北では東新潟港があります。

青山　日本海側から東京へは？

渡邊　それは近畿圏と同じです。新潟から東京まで最短で持ってくるのです。日本アルプスを突っ切る必要があるのでそこは違いますが。

「一メートルに対していくら」という高額な予算が必要になりますが、公共投資の刺激がないとデフレを脱却できません。そう考えると車の通らない高速道路をつくるよりもよっぽどいいと思います。

問題は、既得権益の争いです。省庁の枠組みを超えて動ければいいのですが。

青山　それを解決できるのは安倍総理しかいません。安倍総理だけが各省庁よりも内閣が上にあるという考えをつくり上げることができています。

渡邉　やろうと思えば、できてしまいそうです。

青山　資源があるのはわかっているので、二年に一度、ボーリングして天然ガスを探す調査をやっています。だから、経済産業省の資源エネルギー庁（エネ庁）にも少しはエネルギー開発をやりたいと思っている人もいるのではありませんか？

渡邉　そうかもしれません。

現場でのメタンガス回収実験の準備

青山　新潟でメタンプルームを海中で捕集してガス化し、例えばバスを走らせようというわたしたちのプロジェクトはいよいよ本格化しつつあります。

渡邉　はい。いまプロジェクトの具体的な方法論の最適化を図ってきていて、それは採れるガスの量によって決まります。

パイプはちょっと高い耐圧のゴムホースの業者を見つけてきました。捕集したガスを上げるシステムをこのホースを使って製作することは、すでに技術的には可能ですが、納期が半年ほどかかります。耐圧性能をどこまで求めるかによりますが、つぶれない程度の耐圧性能は欲しいという話です。その性能を持った直径一〇センチのパイプなら二〇〇メートルで六〇〇〇万円します。直径三〇センチだと四〇〇〇〇万円になります。

青山　泉田裕彦・前新潟県知事は「とにかくMHに火を点けたい」という話をしておられました。

渡邊　しかし、(これまでにほかの研究チームなどがつくったビデオでは)火を点けた映像をよく見ていると、プロパンのバーナーにメタンガスを吹き付けています。

青山　それは詐欺では(笑)。

渡邊　MH由来のガス量をいま、三立法メートル/時くらいで計算していて、一〇気圧タンク、火を点けるだけならもっと量は少なく済むかもしれません。

タンクの調達はすぐできます。パイプが一番時間がかかります。

青山　現場での実験がうまくいきますように、お互いに準備を頑張りましょう。

この対論の後、二〇一六年三月に我々共同研究チームは、新潟県北東沖の海域にて、ドーム状の膜によるメタンプルーム回収実験を行い、成功を収めました。

2016年３月の実験で活躍したROVファルコン

実験用プルーム捕集膜とパイプ
（太陽工業株式会社製作）

海底面から海中にメタンガスがあふれ出し、海中に出た瞬間にＭＨまたはＭＨの被膜でおおわれたガスの粒になり、浮上している様子（2006年、JAMSTEC）

対論を終えて――

ライフサイクルアセスメント

渡邊先生との対談で、「ライフサイクルアセスメント」という研究の切り口を初めて知りました。ＭＨの経済性について述べられています。

それによると、ＬＮＧ火力発電は、火力発電のなかではCO_2排出が最も少ないといいます。

CO_2排出の内訳を見ると、発電所の建築などがあり、採取前処理があり、現地輸送の構築や国際輸送、運用があり、それらが国産のＭＨではすべてゼロになります。

しかも、ＭＨは自然状態、すなわち人類が活用しないでいると、プルームによりメタンガスが大気に出ているので温室効果ガスの係数は相当高いです。それを燃やせば係数はマイナスになります。そうなると環境改善に向けてかなりの良いインパクトになるということがわかります。

メタンハイドレートの研究開発に水中ロボットを活用しよう

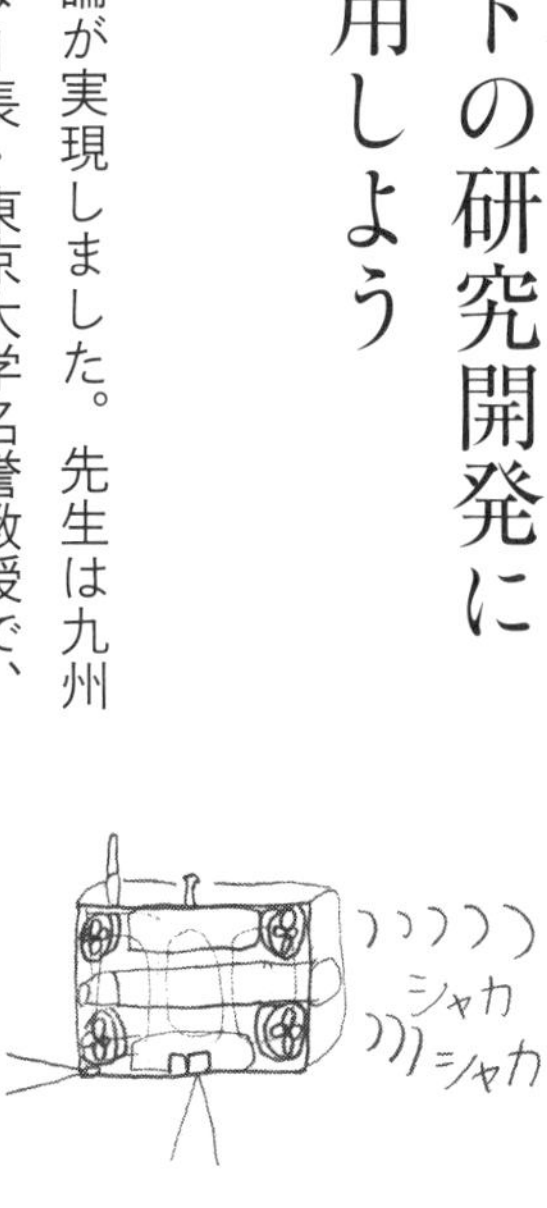

浦環《うらたまき》先生と、とても愉《たの》しい対論が実現しました。先生は九州工業大学社会ロボット具現化センター長・東京大学名誉教授で、元は東大の生産技術研究所に所属していました。水中ロボットの世界的大家です。そして「自分の子供同然」という水中ロボットには楽しい名前を付けてくれます。先生がつくった「ツナサンド」という名の水中ロボットは、水深一〇〇〇メートルの日本海に潜って、海底のメタンハイドレート（ＭＨ）とそのそばにいたカニの写真をきれいに撮ってきてくれたことがありました。

水中ロボットを表層型ＭＨ生産に利用するには、ＡＵＶ（※1）とＲＯＶ（※2）を使い分けるのがいいというご意見です。

※1　自律型無人潜水機　autonomous underwater vehicle

※2　遠隔操作型無人潜水機　Remotely operated vehicle

ROVより小回りが利くAUVで、まず掘る場所の地形調査と環境調査をやって、次にAUVより力があるROVを、ケーブル付きの海底ブルドーザーとして使い、土木的にガリガリと海底面を削ったり掘ったりする。

あと考えなくてはいけないのは、浮いてくるMHをどう採るかということと、パイプの詰まりをどうするかということだとヒントをいただきました。

先生と青山繁晴と私と三人で、新橋にある「越州」という新潟の地酒を出す居酒屋で、美味《おい》しい日本酒「利き酒セット」を沢山《たくさん》飲み比べたことがあります。先生は日本酒が大好きだと推察します。私は浦先生と一緒に飲むと、だいたい後半の話は覚えていないくらい、ついたくさん飲んでしまいます。宴席での先生のお話が大変面白いからです。

浦環先生、笑顔が可愛い、ひょっとしたら、世界でいちばん話が面白い科学者かもしれません。

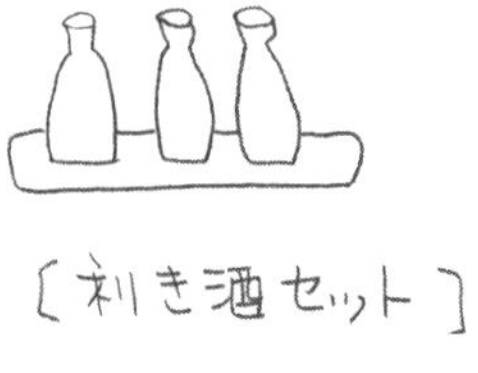

実際に海で使えるロボットでなければ意味がない

青山　水中ロボットの世界的な大家である浦先生には、話してみたいことが沢山あります。まず、水中ロボットって、どんなものだと一般の皆さんに分かってもらいましょうか。私の研究でも、水中ロボットはとても大事ですが、一般には分かっているようでなかなか正確には分かりませんよね。

浦　水中ロボットを子供に説明するときによく使っているのが、スタジオジブリ作品の『崖の上のポニョ』の話なんです。

じゃ、ポニョのポスターを背景にして座って、話をしましょう（先生の研究室には大きなポニョの映画のポスターが貼ってあります）。

ポニョの父親のフジモトは人間なので、水中に潜っていけません。一方、ポニョは半魚人なので潜れます。

なぜ人間が海のなかで生活できないかというと、肺という呼吸器が水中でガス交換ができないからです。小学三年生くらいだと、ひとクラスで数人はエラのことが分かります。六年生くらいなら半分くらい。ポニョを助けた五歳の宗介の年齢だと分かりません。ははは。

それで、「人間にはエラがないので、海中で作業するためにはロボットが必要だ」――こうしたことを、ポニョを例にとりながら説明していくと、分かってくれる子供たちも多いよ。

青山　水中ロボットのことを語る浦先生も、まるで子供のように愉しそうですが、いつ頃、どんなきっかけで水中ロボットを研究するようになりましたか？

浦　東大の生産技術研究所（以下、生研）の助教授になってからですね。一九八四年でした。

東大工学部の学生の頃は、船で運ぶ貨物（ばら積み貨物）のことを研究していました。船で運ぶ鉱石、非鉄金属のことは、その頃一生懸命に勉強したので、詳しいのです。それそのあと生研に移って、初めは、船のアンカーの係留の研究をしていました。それには海底の砂を知る必要があるので、その道具をつくっていました。

そんな頃に、私の大ボスであった先生に、ある有名な地震学者が「海で地震を研究するなら、これからはロボットが必要になる」と相談しました。それで水中ロボットをつくる話が私の所に回ってきたのです。

それまでやっていた、ばら積み貨物の研究は、重要なものでしたが地味だったので、学生も研究室に来ませんでした。「それなら水中機器の研究をやろう」となって、水中ロボットの研究に乗り換えたのです。

青山　昔から水中ロボット研究をやっていたわけではなかったのですね。

浦　そうです。海も機械も好きでしたが、水中ロボットの研究を始めたのは三〇年ちょっと前のことです。

研究は出会いだったりチャンスだったりが必要で、私はうまく巡りあえました。そのときに「よしやろう」という気持ちになりました。それにボスの先生や多くの先生方が水中ロボット研究をバックアップしてくれたことも三〇年間続けてこられた理由です。

青山　生研では研究の専攻を変更することは簡単にできたのですか？

浦　生研は発展的な研究が好きなので、「私は研究テーマを水中ロボットに変えます」と宣言するだけで、水中ロボット研究が始められました。

それに、生研は助教授の段階でも独立していて、二八歳のときには浦研究室をやっていました。自分の考えで研究ができました。すぐ水中ロボット研究に食いついて、どう研究を展開すれば水中ロボットが完成するのかは、分かっていたので、その成果で、のしあがっていきました。

青山　普通、大学の研究室は教授がいてその下に助教授がいて、助手がいて、という体制が長く続きました。なかなか自由に研究テーマを変えられなかったと思います。

浦　生研は全然気に留めないので、そこがよかった。新しいことをやろうという気風に満ちていました。生研にいて、運が良かったです。

青山 初めはどういう水中ロボットを開発したのですか？

浦 初めに熱水地帯を調査する水中ロボットを開発しました。

まず、研究費をいただくために、作戦を立てました。「おもちゃのようなものでなく、海で実際に使えるものを四年間でつくる」と宣言しました。それで二年間かけて勉強して、プロポーザル（提案書）を書いて四年間で一・六億円の研究費をいただくことに成功しました。それだけあれば実物をつくれる。

しかし、当時は経験も浅くて苦労した思い出がたくさんあります。

青山 日本海のＭＨは水深一〇〇〇メートルくらいにあるものもあり、深いのですが、先生のつくられた水中ロボットは、水深何メートルまで潜れますか。

浦 当時ＭＨのことはまだあまり知りませんでしたが、そういう深い水深の場合も考えてつくりました。水深六〇〇〇メートルまで潜れるロボットを目指していました。ところが、実績がないとなかなか現場で実験するための船も借りられず、結局水深六〇〇メートルのところでしか実験ができませんでした。これは大変でしたね。

海底火山調査で世界的に認知されたＡＵＶ

浦　水中ロボットをはじめ水中観測機器の開発には、工学と理学のコネクションが必要なんです。

工学と理学、水と油になったりしますね。そこで、少しでも両分野の関係が良くなるようにと、一九八七年から「海中海底工学フォーラム」を始めました。

青山　はい、いまも続いていますね。私もたびたび参加しています。青山繁晴が講演したこともあります。

浦　はい。次に海中ロボットのシンポジウムを運輸省（現・国土交通省）にやってもらいました。

また、当時は通商産業省（現・経済産業省）が極限作業用ロボット（以下、極ロボ）プロジェクトをやっていました。三つある部門のうちのひとつが、海洋ロボットなんですね。そこに参加した研究者は、ばかでかいものをつくって喜んでいました。彼らは作品を自画自賛していましたが、国際的には評価されませんでした。

私は、それが役所の体質であることを見抜いていたので、好きなことを言って「極ロボ」を批判しました。

「極ロボ」の何がダメかというと、役人が頭のなかだけで考えた難しいシチュエーションにて、それをクリアしたから役立つのだというロボット開発をしているところです。現場の意見が入らないと実際に使えるロボットは出来ません。現場で役に立たなければつくる意味がありません。

そんなことで、通産省（現・経産省）とはいつもけんかばかりしていたので、通産省のなかでは私の評判が悪いのです（笑）。

青山 開発費はどのように調達していましたか？　役所を敵に回すと予算が降りないのではありませんか？

浦 一九九一年から、開発費のお金がもうなくなり、どうしようかという状況になっていました。

しかし、その頃から「産学協同路線」が始まりました。文部省（現・文部科学省）も「産学協同」なら予算を出すということで、「R-1計画」というもので三井造船と組むことになりました。開発途中はかなりの苦労がありました。成果があがったのは、二〇〇〇年の静岡県伊東沖の海底火山、手石海丘での調査でした。

それがうまくいって、また、世界的にもＡＵＶの重要性が認知され始めましたね。

青山 それがR-1ロボットですか。

浦 そうです。R-1ロボットは重さが五トンもあって大きすぎました。次の研究計画を練っていたら、東大ＯＢの先生から、「科研費を三億円用意するから計画書を書け」と言われ、「r2D4」をつくる企画書を準備し、予算を獲得し、二年ですぐつくって動かしました。「r2D4」の成果は大きかった。

それまで十何年も苦労してきたこと、ハードとソフトづくりが新しいロボットに反映されたので、「r2D4」という素晴らしいAUVが出来ました。とくにソフトウェアはR-1のものを微修しただけで載せ換えました。それは本当に良かったと思います。つくっただけでなく、「r2D4」を海底火山近くまで潜航させるなど、いま考えると様々な危険なこともしていました。

青山　海底近くまで潜航させると海底にぶつかって木《こ》っ端《ぱ》微塵《みじん》になるかもしれないですよね。

浦　二〇〇三年には、佐渡沖で潜航テストをして、すぐ明神礁《みょうじんしょう》（※3）、北マリアナ諸島のロタ島にも行きました。ロタ島沖の活動中の海底火山に一〇回くらい潜らせました。バグが出たりもして苦労しました。ロボットをつくって海域に自分で展開し、良くしていくというやり方をしています。

うん。二〇〇八年には伊是名《いぜな》海穴《かいけつ》（沖縄／海穴とは海底の小さな凹み）で、JOGME

※3　伊豆諸島の海底火山

Cと組んで調査を行いました。

そこでは海底熱水鉱床の詳細な地形図を「ｒ２Ｄ４」がつくってくれて、大成功でした。ＪＯＧＭＥＣはいまも伊是名で調査していますが、その時に取ったデータがいまの調査に役に立っています。

それから、別途予算を組んでホバリング・ロボット（※４）を数千万円でつくり、とてもうまくいきました。二〇一〇年七月に「よこすか」（国立研究開発法人海洋研究開発機構〔ＪＡＭＳＴＥＣ〕の潜水調査船支援母艦）がＭＨの調査航海をしたときに付いていって、海底の露出しているＭＨを撮影しました。

青山　この調査航海には当初、私も乗船予定でしたが、主席研究者に「部屋が満室になった」と言われて乗船できず、残念な思い出があります。

浦　そうだったんだ。……そのとき、カニがたくさん海底にいる楽しい画像が撮影できました。それからずっとカニの調査はわたしたちの重要な課題になりました。生物の人（生物学者）が興味を示してくれましたカニは水産資源だから、この調査に農林水産省が予算を出してくれればナァと、思っています。

青山　「ＭＨ21」のなかの環境影響評価の予算でやるのはどうでしょうか。毎年一〇億円は出ています。

ROVとAUV

青山 最初からAUVをつくったのではなく、有索型（※5）ROVをつくったのが最初ですか。

浦 いや、私は、最初からずっと信念があってね、ケーブル（索）がついたロボット（ROV）は一度もつくっていません。

JAMSTECの深海巡航探査機「うらしま」（これはAUVと呼ばれています）がなかなか親離れできなかったのは、JAMSTECにはROV技術があって、光ケーブルでうらしまを繋いで開発していたからです。

青山 親離れできないとは、技術が元の出発点から伸びていかない、進展しないことですね。

浦 そう。こちらは、当初の能力は低くても「最初から無索でいけ」と研究室のみんなに言って、AUVからつくり始めました。最初から親離れしている子を良く育てていこうとしたわけです。

※4 昆虫のように空で一点にとどまれて、海中でもそうできるロボット
※5 ケーブルによる遠隔操作型

ＪＡＭＳＴＥＣのほうは、ＲＯＶから始まって、これを無索化するというやり方をしています。ですから遠隔操作型ＡＵＶという、不思議なものをつくっているということになります。うらしまは本当にＡＵＶかと、研究の実態を知っている人は言っています。

青山　ＡＵＶとＲＯＶは両方とも水中ロボットだけれども、考え方や設計は最初からまったく異なるから、ケーブル無しがＡＵＶ、ケーブル付きがＲＯＶとちゃんと仕分けるべきだということですね。

ところで、ＡＵＶロボットは、母船とケーブルで繋《つな》がっていないから、最初の頃は海中から戻ってこないときもあったのでは？

浦　二〇年くらい前に研究室の若手がつくっていたものは、二日間芦ノ湖の湖底に眠っていたりしましたね。わはは。

ロボットが裏返ってしまってバラスト（錘）を落とせず、つまり浮上できず、湖底の泥に突き刺さっていました。（ダイバーに）取りに行ってもらって、救出しました。

ぼくの愛機、「ツナサンド」も最初こそ、プールで試験する程度の段階では最低限のケーブルは付けましたが、研究の現場ではケーブルを付けるとやりにくいので、さっさとケーブルを取れと言って実験しましたよ。

海上技術安全研究所（海技研）（※６）と私がいま、開発しているロボット「ほばりん」

も、ケーブルを付けるつもりは最初からまったくありません。ケーブル付きの水中ロボットなんて、子供に紐《ひも》が付いているようなものです。それではいつまで経っても全自動ロボットにはなりません。

青山　なるほど。「ほばりん」は、私も二〇一六年七月にＪＡＭＳＴＥＣの「よこすか」に乗船して沖縄トラフの熱水海域の調査に行ったとき、活躍してもらいました。「ほばりん」は小さいながらもシャカシャカと海のなかを潜航して無事に母船「よこすか」に戻ってきてくれましたよ。

――耳かきとしゃもじの違いを知る

青山　今後、表層型ＭＨを生産回収するときには、最初から無索のＡＵＶを使ったほうが良いのでしょうか？

浦　ロボットにさせる仕事によりますね。

ＡＵＶは全自動で、電池で動きます。自律型ロボットは制約が多いので、仕事の内容には限りがあります。一方、ＲＯＶは遠隔操縦ができ、パワーがあります。現状で

※6　国立研究開発法人。海上交通の安全と効率向上のための技術や、海洋資源活用のための技術、海洋環境保全の技術などについて研究している

は、ＡＵＶはごりごりと海底のＭＨを掘ったりはできません。そういうことをＡＵＶができるようになるには一〇年も二〇年もかかるでしょう。

ものを動かすにはエネルギーが必要です。それをどう解決するか。「ロボットが海底にあるメタンを食って、自分を動かすエネルギーに変える」という夢のような話で、楽しいのですが、すぐにはできません。

つまり、ＭＨの採取は、ケーブル付きのブルドーザーつまり、ＲＯＶでごりごりという形でいいのではないでしょうか。

「何でもＡＵＶで」というのは間違いです。水中で一体何がしたいのかによります。耳かきはしゃもじにはならない。ＲＯＶとＡＵＶを一緒にするのは、技術が分かっていない証拠です。

青山　表層型ＭＨは平成二七年度まで調査をして、平成二八年度からは工学的な調査に移っていくことを期待しています。そのとき、そこに熱水鉱床の技術を転用することを考えたほうが良いでしょうか？

浦　熱水鉱床もごりごりやります。ＭＨもそうやりますが、ＭＨは浮力があるので浮上してしまう。よく考えなければなりません。

表層型ＭＨのいいところは、水深が浅いところにあることですね。

浅いと取りやすい。さらに、浮いてくるものをどう取るか、海面まで揚げるパイプの詰まりをどうするかのふたつを考えれば良いと思います。削るのには、ケーブル付きのブルドーザーがどう考えても必要だと思います。

青山　表層型ＭＨの生産のときに、ＡＵＶの出番はないですか？

浦　どこを削ればよいかの調査はＡＵＶがしてくれます。環境調査もＡＵＶがしてくれます。これを既存の技術であるＲＯＶにやらせるとなると、ＲＯＶは船を拘束するし、遠くまでいけないので大変です。船を拘束するとコストが高くなってしまいます。ですから、こういう調査はＡＵＶに任せます。

――実現するか、ではなく、実現させるかどうか

青山　表層型ＭＨの効率的な生産手法は見つかるでしょうか。

浦　私はそんなに簡単ではないと思います。表層型ＭＨは薄く広く存在しています。厚さは一〇〇メートルくらいです。だから、そういうところから資源としてガスを採るには、一か所に止まらず、どんどん移動して生産する必要があります。そのため固定施設がつくれません。

砂層型ＭＨも資源化するのは大変そうで「本当にできるかな」と思うところもあり

ます。

表層型ＭＨは、ゴリゴリ海底を削って浮かしたＭＨをどうやって採るか。浮いてくるＭＨは液体に近いからそんなに困難ではないと思います。

構想を立てるのは楽しそうですが、私はもう時間がなくてできません。しかし構想は、青山さんを含め誰かがきっちり立ててくれるでしょう。

青山　ＭＨの資源化は実現するでしょうか。私は実現すると考えていますが、浦先生の意見も聴きたいです。

浦　実現させる道があるかどうかは、ＪＯＧＭＥＣ次第です。国立研究開発法人新エネルギー・産業技術総合開発機構（ＮＥＤＯ：New Energy and Industrial Technology Development Organization）も関係してきます。どうなるのかはちょっと分かりません。ＭＨはまだこれから新しい動きが出る可能性があります。大切なのは実現するかどうかではなく、実現させるかどうかだと思います。

日本には大きな産業のない県があります。そういうところでもエネルギーがあれば何とでもできます。ぜひなんとか実現させていただきたいです。

海中のメタンプルームをＡＵＶでキャッチできたら楽しそう

青山　ＭＨに関して海中ロボットの活用について、浦先生と考えてみたいです。海底から湧《わ》き出たＭＨのプルーム（※７）を途中で捕集することを決め、そのために複数のＡＵＶで（捕集用の）膜を広げるという考えはどうでしょうか。

浦　よく考えてみないと分かりませんが、楽しそうですね。

青山　日本海ではＭＨは水深およそ三〇〇メートルで気体と水に分かれるので、その水深でならガスで採れるように思います。

浦　ガスは海水中に溶けるのではありませんか。

青山　ちょうどＭＨという固体から、メタンガスという気体に変わったところで採れば大丈夫ではないでしょうか。

浦　考えてみてください。

青山　はい、考えてみます。

――ＭＨが重要なのは承知！

青山　平成二八年度からは経産省は表層型ＭＨ生産技術をコンペ方式で公募します。

※７　海底から柱のように立ち上がっている、ＭＨの粒々

うまくいくでしょうか。

（※青山註　東京海洋大学を代表機関としたわたしたちのチームも応募し、採択されました）

浦　どうなるのかは分かりません。

青山　浦先生が、表層型ＭＨ生産手法に関してそれを検討する第三者委員会に入ることはありますか。

浦　お呼びがかかったらそのときに考えます。ただ、経産省には嫌がられているので、声はかからないでしょう。

青山　浦先生のような発想が豊かな人の集まりでないと、表層型ＭＨは実用化まで進まないと思います。

浦　若い人がいいでしょう。可能性を持った若い人も、それなりにはいますから。

青山　浦先生にお願いしたいと思ったのですが。

浦　私はいろいろと忙しく、もう老人ですし、要望にはなかなかお答えできません。しかし、声がかかれば、自分の立場を考えて、どうするかを考えます。

青山　では、「工学的研究部門のリーダーに」というオファーがあったらどうしますか。

浦　研究は自分でやりたいです。研究は自分でやらないとつまらないものです。研究の現役でいたいのです。裏でどうこう、人の研究がいい悪いと評価だけするのは面白くもなんともありません。

ＭＨが重要なのは承知しています。提案ができれば積極的に出していきます。

青山　ぜひ、お願いします。浦先生のように、陽気で、前向きで、開放的で公平な科学者と一緒にやりたいです。

対論を終えて――

「我が子供たちのＡＵＶをＭＨ回収に」

対論のなかで、「将来はメタンプルームが噴き出しているところからＡＵＶがエネルギーを充電して、長期間、海中で働き続けることが出来るようになる」という話が出て、これを浦先生は「夢のような話」と仰いましたが、実現出来ると思います。

表層型ＭＨ回収技術に水中ロボットを使うには、どうすればいいか。

ＡＵＶには、ＲＯＶがやるとなるとコストがかかる調査をやらせれば良いというのが、浦先生のお考えです。それは、どこを削れば良いかをまず調べる海底面調査と、環境調査です。

それから、わたしたちが考えているプルーム回収方法にもＡＵＶを応用します。

すなわち、固体のＭＨから気体のメタンガスに変化する水深（日本海なら水深三〇〇メートル付近）にドーム状の膜を拡げてガスを捕集する方法です。

実現できるかできないか、これからいろいろ試してみたいと思うと、ワクワクします。

複数のＡＵＶでドーム状の膜を拡げて、形状を維持しながらガスを捕集します。

浦先生のような、新しい発想の持ち主には、表層型ＭＨ回収技術のリーダーに是非なっていただきたいと思います。

まとめ

前へ進もう！
自立は楽しい

これまで二年にわたり二一人に及ぶ科学者、研究者、技術者と対論を重ねてきました。

今年（二〇一七年）の春から初夏にかけて、二回目の砂層型メタンハイドレート（ＭＨ）の洋上産出試験があります。そこで、そろそろ対論をまとめて世に問いましょうという話になりました。

このロング対論の最後には私の属する東京海洋大学とともに経済産業省の画期的な生産技術開発に関わる公募、表層型ＭＨの研究開発の歴史で初の公募に応募された新潟大学、その福岡浩教授との対論をやりたいと思います。

この対論には、公平な立場から国益のためにＭＨの研究開発促進に取り組んでいる青山繁晴参議院議員にも同席してもらいます。青山繁晴議員は、参議院の資源エネルギー調査会に所属し、先日はその調査会で初質問もありました。

もうひとり、独立総合研究所（独研）の青山大樹社長にも同席してもらいます。

独研は、青山繁晴・現参議院議員が一五年前に創立した日本初の独立系シンクタンクです。私も、独研の一五年のこれまでの歩みのなかで、それまで務めていた企業の研究部門を辞めて、独研に加わり、自然科学部長を務めてきました。しかし昨年（二〇一六年）四月に国立大学法人の東京海洋大学の准教授となって、独研の自然科学部長を辞めました。

また、青山繁晴代表取締役社長・兼・首席研究員（当時）も、参院選の出馬に伴い、選挙戦の最中だった二〇一六年六月三〇日に、辞職し、創業者として保有していた株式も放棄し、独研を完全に去りました。

その結果、青山大樹・独研研究本部研究員（当時）が新社長に就任しました。青山繁晴前社長から、ひとつだけ「引き継ぎ事項」として提案があったのが「独研は、経産省が初めて生産技法の公募に踏み切ってもあえて応募しないことをはじめ、国が行うＭＨのプロジェクトには関与しない。シンクタンク、研究所として独自に研究を続けるのはもちろんのことだけれども、国に対しては一切、手を引け」ということでした。

独研はこれまで一五年ほど、そのわずかな資本のなかから多大な資本を投下し、社長から研究員、総務部員に至るまで膨大な人件費も時間も費やしてきました。

その間、一円も国の予算を使ったことはありません。それが遂に、もしも公募に当選すれば国からようやく、わずかながら予算が出るかもしれないという状況になって、逆に独研は手を引けというのです。

独研は、株式会社でいるのは自立のためであり、補助金の類を一切受け取らないためであり、利益は追求しない、追求するのは国益であるという原則を掲げてきました。この灯火《ともしび》を掲げ続けるためであるとはいえ、ふつうではあり得ない決断だと思います。その決断を、自らの意思で承継した青山大樹、新社長を私は、これも客観的に評価します。

そこで、青山大樹新社長にも同席してもらいました。

さて、福岡先生は今夜（二月二〇日）、ホンジュラスから成田に帰国されるという情報があったので、成田にお着きになるころショートメッセージを送りました。よくぞ成田から直接、この対論に駆けつけてくださいました。心からありがとうございます。

福岡先生にまずお聞きしたいのは、砂層型か表層型かを問わず、日本のＭＨは資源として使えるようになるかということです。

福岡　産業技術総合研究所（産総研）の人からも聞かれたことがあります。「実用化できると思いますか？」と。聞かれてびっくりしました。「あなたはそれを信じていないのですか？」という意味です。資源化は当然できると思います。（ＭＨの実用化）技術として確立するのは日本が最初になるでしょう。オイルやガスの値段は上下が激しいからこそ、日本が資源を持っているということが大事です。コマーシャルベースになるかはともかく、まず自前資源を持つことが肝心です。

そのうえで、一般的には資源を実用化するかどうか、できるかどうかはＥＰＲ（Energy Profit Ratio／エネルギー収支比率）と商業ベースになるかという課題がありますが、砂層型ＭＨよりも表層型ＭＨのほうがＥＰＲが高いと思います。量は砂層型ＭＨより少ないかもしれませんが、今後（推定賦存《ふそん》量も）増えると考えています。いずれにしても、技術的にはクリアできるし表層型ＭＨのほうが先にコマーシャルベースになるのではないでしょうか。

砂層型ＭＨは大規模なものを考えていますね。表層型ＭＨは規模は小さいですが、漁協がサイドビジネスでやって運営の安定に役立てるようなものにもなれるのではないでしょうか。

青山千春（以下、青山）　福岡先生はもともとは地すべりがご専門ですね。環境影響評価についてはどうでしょうか。ＭＨをチュウチュウ採ってしまうと地盤がすべるのではないかということは十分に研究されているのでしょうか。

福岡　私がＭＨに関心を持ったきっかけは、一九九九年に我々が編集していた英文雑誌 Landslide News に東大の芦寿一郎助教授（当時）が投稿された論文です。その論文に載ったのは、世界のＭＨ分布域と巨大海底地すべりの位置が重なっているという指摘でした。

過去の氷河期の開始・終了時などの地質時代（古い時代）に巨大海底地すべりが発生した地層が、世界各地で発見されていて、その発生に関係しているということに大変興味を持ちました。

氷期の始まりや終わりには海水準（※１）が大きく変動するのに伴い、海底ＭＨの安定領域（※２）の深さが変動しますので、急激で大規模な分解も起こることは大いにあり得ることだと思われますね。ＭＨの分解時には大きな水圧が地盤中で発生することはありそうなことです。さらに厚さ数百メートルもある巨大海底地すべりのメカニズムをよく説明できると感じたためです。

青山繁晴　その地すべりは大きな地震のときに起こるかもしれないのですね。ＭＨの生産中にはどうですか。

福岡　生産中には起こらないでしょう。

青山繁晴　なぜですか？

福岡　京都大学防災研究所にいたころに、ＭＨの代替物としてドライアイスなどを用いて砂が主体の海底地盤を模した地すべり再現実験を行ったのです。移動速度が速くなるほど分解が促進されて高速長距離海底すべりが発生し得ること、とくに大規模地震時には「すべり面液状化」が発生し得ることが分かりました。

これは、大規模地震が多発する太平洋側の海底下にＭＨ胚胎層を持つ斜面では、海溝型地震時に大規模海底地すべりが発生してきた可能性があるということです。

将来、太平洋側の砂層型ＭＨを生産する際に大規模斜面不安定性が起こりうるかについては、生産井戸（※３）の断面積が潜在的な地すべりの面積に比べて十分小さいことと、ＭＨの分解の連鎖反応の可能性も小さいことから、大規模地震時以外には可能性は小さいと考えています。

青山繁晴　東南海地震をはじめとした巨大地震が起きる際に、すべり面液状化が起きるとすると、大量のＭＨが分解して海面から漏れるということはあり得るのですか。

福岡　地震のときはあり得ます。地質学的には、そういった巨大地すべりの痕跡はいたるところで見つかっています。

※１　海面の高さ、海の深さ
※２　ＭＨが生成され、安定して維持されている水圧と水温のゾーン
※３　海底面から胚胎層までのボーリングの孔

氷河期にも多いことが知られていますが、原因がずっと謎でした。仮説のひとつとして、一九九九年にMH説が出てきました。私はそこから興味を持ち始めたわけですね。しかし一方で、MHを生産する場合を考えると、地震が起こった際に、（地すべり面の）幅も距離も大きいので（生産のための）ボーリング孔が何本あってもその面積は大したことはないと考えています。

生産井戸からはMHが出てくるだろうが、地震よりはずっと少ないということです。

青山　和歌山県沖に大きな地すべりのあとが三つあります。MHによる地すべりが起こったという説を言う研究者もいます。だからいままでもそこを深く掘るとMHがあるかもしれないし、プルームもところどころあるかもしれません。紀伊水道の船舶の通り道なので調査はなかなかできませんが……。

福岡　海底地すべりが起こっているというだけで、MHが原因かは分かりません。

青山繁晴　「MHによって氷河期になったり終わったりした」という説も一部にありますが、ほんとうにMHにはそこまでの影響力があるのでしょうか。

福岡　分かりません。NASAの資料に「大気中のメタン濃度と気温には高い相関関係がある」という事実がありますね。

火山や地熱活動が活発な場所でもメタンが放出されます。

青山　今回、経産省の生産技術開発に関わる公募に応募したわたしたちのチーム（東京海洋大、新潟大学、九州大学、太陽工業株式会社）は、新潟県と連携しています。表層型MHで、もっとも研究データが揃っているのは新潟沖合の海鷹《うみたか》海脚や上越海丘です。MHの回収試験をするところも直江津沖だと思っています。太平洋側の砂層型MHの海洋産出試験をしている渥美半島沖のような、すなわち象徴的な、パイオニアとしての地域、海域になると思います。そこを開発するなら、それは新潟県民にとっても良いことですね。新潟県民の意識はどうでしょうか。

福岡　新潟市内でタクシーに乗るとよく「MHを知っていますか？」という質問をします。

これまで、なんとすべての運転手さんがご存じで、大変期待されていることがよく分かります。

実際に学内でも、新潟県民の間でも、圧倒的に「メタンハイドレート」という言葉は浸透しているようです。

新潟は、古代より知られた「燃ゆる水」の石油が産出していましたし、現在は天然ガスを（少量であっても）生産しています。新潟県内の佐渡では金山が国を支えましたが、これに次ぐ、日本国を代表するような資源として、今度は「燃える氷」のMHに期待がかけられているためだと思われます。
　世界で初めて青山千春先生が新潟県上越沖で発見したのが表層型ＭＨとガスプルームですので、新潟沖で商業化までの技術開発を達成したいと思っています。

青山　新潟では昔から田んぼで石油やガスが出たりして親和性があるから、ＭＨにも関心が高いのでしょうか。

青山繁晴　それも多少あるでしょうが、それより、新潟からこれまで出ていた在来型のガスはマーケットにまったく影響を与えていないからこそ、それより新資源のＭＨに期待が持てるということではないかな。

福岡　量はまだ分からなくても、ＭＨ

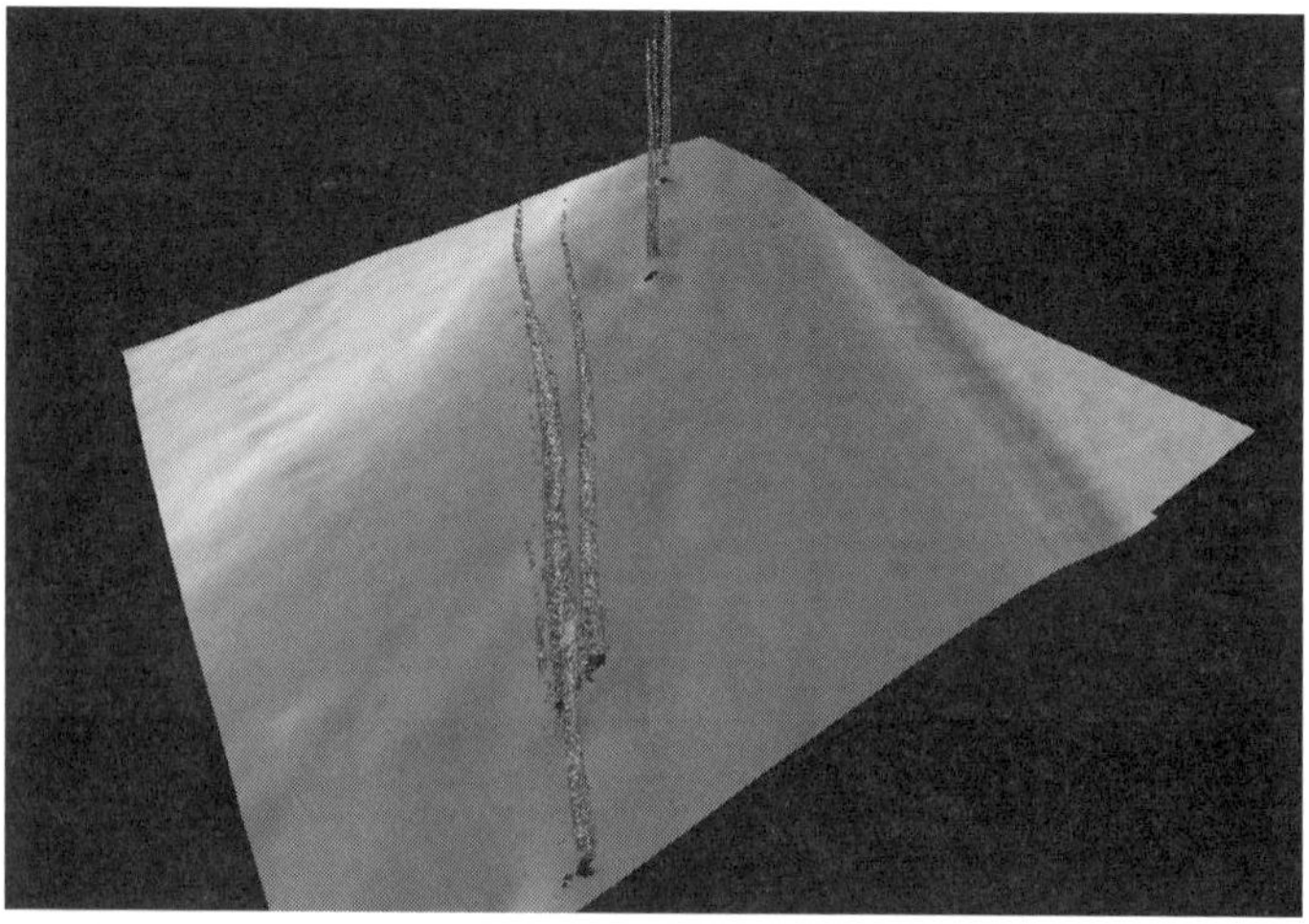

上越海丘のメタンプルーム（2012年6月解析）　（株式会社 独立総合研究所提供）

が大量にあるらしいということはかなり知られていますね。

青山繁晴　新潟から首都圏までパイプラインもすでにも通っていますからね。

青山　（日本海側の府県で結成した）日本海連合でも、新潟県は最もやる気がありますね。企業のための勉強会も県の主催でやっています。

青山繁晴　いまの新しい知事も関心が深いようですね。

青山繁晴　実用化についていうと、エネルギーセキュリティの概念を日本は変えないといけませんね。いままでは自前の資源というのは、新潟や秋田やその他の地域での石油、天然ガスの採掘は「自前資源の確保にも努力していますよ」というアピールに留まっています。これら従来型の資源は量がとても少なくて、国際マーケットにまったく影響を与えませんでした。だから敗戦国がやっても戦勝国の米英の国際メジャー資本の文句が出ない。むしろ安心してやっていました。ところがMHは違います。日本が表層型MHをやりそうというだけで、プーチン大統領がロシア産の旧来型天然ガスの価格を下げたい姿勢になったと、公開のシンポジウムで当時の資源エネルギー庁（エネ庁）の現職の天然ガス課長だった南亮さんが証言しています。

表層型MH、それから砂層型MHも日本だけではなく世界の各地にありますし、日本から実用化が進展していけば、国際マーケットに影響を及ぼします。
日本だけでも影響を与える可能性がありますが、現に、アメリカ、インド、中国をはじめMHに注力している大国も複数あります。したがって国家としてやるのか、民間に丸投げするのか、それを考えなければなりませんね。
そのうえでEPRはエネルギーの実用化を考えるときの根幹です。新潟県主催の公開フォーラムで、エネ庁の現職幹部が「砂層型MHのEPRは11です」と明言されました。これもパラメーター（媒介変数）のとり方などでいろいろ数字はあるでしょうが、自前資源の場合は、EPRが1を割らなければ、すなわち広い意味で赤字になることがなければ、実用化する意味は十分にあります。というより、実用化して確保せねばなりません。

青山　そうです。エネルギーはいつもベストミックスが大切ですから、輸入資源も活用するわけですが、その輸入価格について、自前資源があればバーゲニングパワー（交渉力）の源泉になります。

青山繁晴　その通りですね。そしてEPRは表層型MHのほうが一種の自噴する資源なので砂層型MHより良い可能性があります。メタンプルームとしてMHが海中に出てくるのは一種の自噴ですね。

福岡　同感です。在来型の天然ガスや石油と自噴のタイプが違うだけですね。

青山繁晴　新潟を集中投資する場所のひとつにする案がありますが、賛成です。「新潟の海で採れたＭＨでバスを走らせる」という案について新潟県民から沢山《たくさん》の反応をもらっています。

砂層型ＭＨの渥美半島沖は試験採掘であって、そこで本格操業という話ではありません。新潟の場合はそこで実用化するので集中的に投資するという話になるのですね。

青山　エネ庁は安いものを輸入すればよいという商社のような集団ですね。だから、自前資源を基礎から開発していくというのは初めての経験なので、そこが心配です。

青山繁晴　例えばアメリカのエネルギー省（ＤＯＥ）は、エネルギーが国の根幹として、捉えられているので、独立して省になっています。

日本の官庁の現状は、経産省のなかにエネ庁がありますね。「資源の安定的な確保」を庁の目標としてきたのですが、これは青山千春博士が言った通り、要はいつも輸入できるようにするということです。自前資源を本格的にやるのには、このあり方を根本的に変えなければなりません。役所、官庁の目標を変えるには、省庁を再編するぐらいのしつらえが必要です。

しかし「エネルギー省」として自立させるには、日本の省庁再編の原則は「数を増やさない」ということがありますから、言うだけで実現困難です。

そこで、外で独立させるのではなくて、逆になかに入れてしまって「経済産業エネルギー省」にし、エネルギーを役所全体の目標として明示するのです。

むしろ、スパッと「産業エネルギー省」にしたほうがいい。かつての「通商産業省」を「経済産業省」に政治力を借りて変えて、話が大きくなって曖昧になり、かえってこの役所はレゾン・デートル（存在理由）を大きく弱めました。MHという予定外、想像外の自前資源の登場を機に、産業エネルギー省として生まれ変わってはどうかと、ひとりの国会議員なりに考えています。

青山　うん。分かります。エネルギーのことだから、官邸が主導しないといけない。産業エネルギー省への脱皮も総理官邸がリーダーシップを持ってやってほしいです。

青山繁晴　法的には難しくない。新たな省庁をつくるわけではないですから。むしろ統合するとコンパクトになるはずなので行政改革、行政のスリム化という国の大前提にも沿います。「産業エネルギー省設置法」をつくってエネ庁廃止を入れ込めば良い。

そして内閣の総合海洋政策部と有機的に繋《つな》がるような構造にすればベストですね。

青山　そうすれば、内閣府の海洋データも使いやすくなりますね。

福岡　アメリカのオクラホマでカクンカクンと掘削機を地元の人が動かして油を採っ

ていることと、表層型ＭＨはイメージがかぶります。漁協が膜を海中に入れて船でメタンプルームのＭＨを回収することも可能になりそうだから。

兵庫県で行われたＭＨ実用化のアイデア一般公募の当選者発表会に出た「養殖」という概念には驚いた。まさしくメタンプルームでは「資源の養殖」もあり得ますから。取り切れない泡（ＭＨ）もあるだろうから、人工芝に吸着させるとカニも寄ってくるしＭＨも溜まる。養殖するようにすればカニとＭＨが両方採れますね。

青山繁晴　夢物語ではない、あり得ますね。青山千春博士が長い時間をかけて対論してきた研究者のなかで「表層型ＭＨは地産地消のエネルギーにしかならないから……」と否定的に述べている方もいらっしゃいますが、これはやや旧来の発想ですね。燃料電池や一軒の民家の屋根の太陽光パネルでみるように、いわば究極の地産地消のエネルギーと、原発のように大規模施設で発電して、それを大規模な送配電網で配る旧来の方式とベストミックスさせるのが、いまです。表層型ＭＨは、再生可能エネルギーと旧来型エネルギーの中間に位置するものです。

エネルギーの日本の考え方を根本的に変える必要があります。

福岡　青山千春博士が言ってきたことで、最近分かってきたことがあります。海底から出てきたメタンバブルは一〇〇％メタンなので、自然がつくったプラントのようなものなのですね。

青山　今日、産総研の報告書を読みながら環境影響や漁師への代償、補償については漁場をMH採取のために掘削する際の代償を払うという話があったのです。ちょっと違うと思いました。

青山繁晴　砂層型MHは従来型の補償でも、表層型MHは違う。新しいあり方ではないかな。

青山　そう。福岡先生が仰《おっしゃ》ったように、一緒にやっていくという発想があるほうが良いのではと思いました。

福岡　砂層型MHの海洋産出試験の実施場所の選定についても、漁協との交渉が影響すると聞いたことがあります。

青山繁晴　漁家の方にも、ご自分たちの漁場の新しい可能性を分かっていただく必要がありますね。それは国と自治体がやるべきことです。

青山　カニの漁場の地図とメタンプルームの位置がぴたり一致しているんですね。

福岡　プルームが立っているところにカニが集まっているのは事実ですから。

青山　今度、漁師に会ってそれを実際に聞いてくるんです。

ましたね。

青山繁晴　本の締めとしてはいい対論、座談になりました。今日は、福岡先生にホンジュラスからの飛行機を飛び降りてきてもらった価値がありました（笑）。

福岡　最新回のアメリカ地球物理学連合（ＡＧＵ）で強く心を惹かれたのは、「カリフォルニアからオレゴンにかけて海を調べたら、メタンプルームが五五六本あった」という発表でした。水深五〇〇メートル付近が多かったそうです。

佐渡沖のプルームについて調査が遅れているうちに、アメリカをはじめ他国が追い越していきそうです。

青山大樹独研社長　独研はすでに表層型ＭＨの生産技法の公募に応募しないことに決めています。その立場ですが、いまの福岡先生の仰ったことだけ、一点だけ、どうしても申しておきたいことがあります。

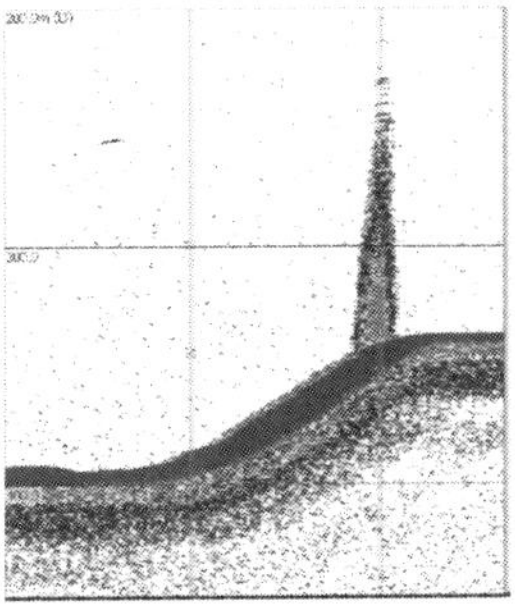

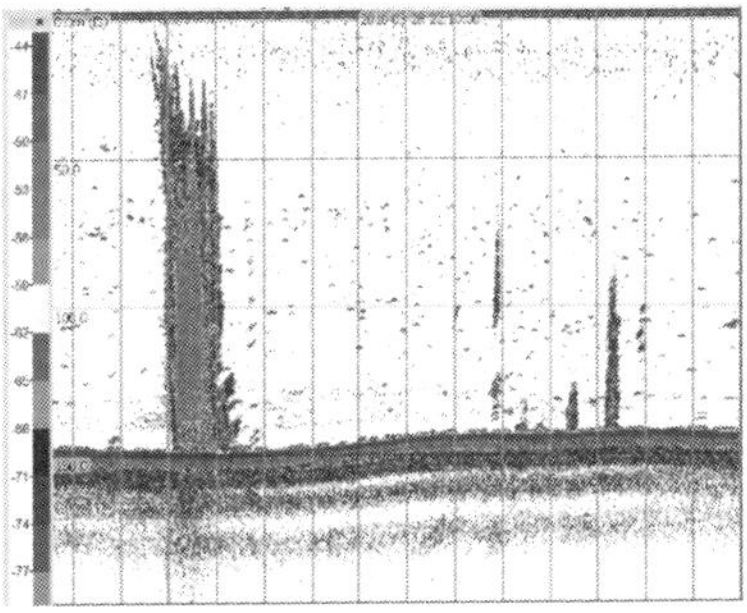

佐渡北東沖のガスプルーム

これまで平成二六、二七、二八年度の三年間、経産省の予算を使い、ある学者がプロジェクトリーダーとなられて表層型MH資源量調査を行いました。その間、このプロジェクトでは意識的にメタンプルームに関する研究をまったく行わなかったという客観的な事実があります。それは、経産省が開いた公の発表会においてこのプロジェクトリーダーご自身が「メタンプルームは資源と関係ないので研究しない」と発言したことからも明らかです。私はその場で直に聞きました。

この三年間、プルームを無視したおかげで、世界に先駆けていた日本のMH調査がプルームに関しては立ち遅れることになりました。

表層型MHは、資源としてのサステナブル性（持続性）からいっても、プルームの利用は重要です。三年間プルームを無視した罪は重いと思います。

青山　最後に福岡先生に、実用化が可能かについて自然科学的な見地からもう一度、整理して話していただけますか。

福岡　はい。従来、青山議員が強調されているように、エネルギー効率（EPR）が1を超え、さらには、コスト的に十分、商業化に値するかどうかが鍵です。

砂層型MHは推定賦存量は莫大ですが、海底面からさらに数百メートル掘削する必要があることからある程度のコストが必要です。またMHの分解が吸熱反応、すなわち周辺の地盤を冷やすことから、地盤中の海水や分解してできた水を凍らせたり、ガス生産時に地盤沈下したりすることでガスが通りにくくなるというような課題を解決する必要があると言われています。

一方、表層型ＭＨは、ガスが海底面あるいは海底近くまで自噴して形成され、とくに海底面ではしばしば塊状を呈していることが知られています。これらは資源としても大変魅力的です。ＥＰＲが１をはるかに超える可能性は高いと考えられます。

青山千春博士の長い研究によると、ガスプルームには、粒状ＭＨ、ないしメタンの泡（ＭＨの殻を持つものもあります）があるそうです。ＭＨが分解して形成されているガスプルーム中のガスは、メタン一〇〇％であることが確実です。

このことは表層型ＭＨの塊自身が天然のプラントとなって、天然ガス中の硫黄等の不純物を除去してくれていると考えることができます。この泡を海中膜で回収することにより容易に高純度のメタンガス生産産業の実現につながると考えられます。

さらに表層型ＭＨの塊付近では、海洋生物資源、つまり漁業資源のオアシスとなっていることが、これも青山千春博士らの研究から知られています。

従来は海底鉱物資源開発には漁業権交渉が不可欠でしたが、表層型ＭＨ開発においては漁業と共存することが可能だと考えています。

青山議員が民間人時代に主な知事に呼びかけて発足した「海洋エネルギー資源開発促進日本海連合」（日本海連合）の平成二八年度のアイデアコンテストでは前述したように、「養殖」というアイデアも出されて驚きました。回収しきれなかった泡を用いて海苔の筏《いかだ》のようなものを海中に浮かべてMH床を生産し、そこに集うエビやカニ、魚類も釣り上げるような、まさに持続可能な産業が可能になるのではないかと考えています。

青山　福岡先生は今日も、はるばる中米のホンジュラスから帰られたばかりのように、ほんとうに世界を飛び回っておられます。世界のMH研究の現状を教えてください。

福岡　二〇一六年一二月に米・サンフランシスコで開催されたAGU秋季大会において、ガスプルーム科学をテーマとしたセッションを企画しましたところ、多くの発表が行われました。

最も驚いたのは、これも前述の通り、二〇一六年四月から九月にかけて米国政府がカリフォルニアからオレゴンにかけての西海岸沖の浅海底のプルーム分布を調べたところ、五五六か所見つかったことを発表したことです。プルーム中のガス流量評価も複数あり、ガスの成分分析も行われました。

従来、北極海やバレンツ海などでメタンプルームは多数見つかっていますし、カナダ沖ではプルームのそばの海底面における長期連続観測の事例もあります。

日本では主に堆積学的見地からの調査が三年間、すべて国費で行われていましたが、日本周辺での賦存量についてもまだはっきりしていないようです。

日本人が発見した表層型ＭＨですが、海外勢に遅れを取り始めている印象を持たれることだけは避けたいと思っています。

対論を終えて――
エネルギーを自前開発する省庁が必要

「ＭＨに関する新潟県民の認知度と期待度は高い」「新潟県には首都圏までパイプラインもすでに通っている」「新潟沖で商業化までの技術開発を達成したい」。これら福岡先生の重要な発言に、参加者全員が賛成でした。

それから経産省は、エネルギー資源に関して従来は輸入商社のような役割が中心だから、これからは自前資源の開発に本気で取り組む「産業エネルギー省」にするという案も出ました。

漁業者との共存を考えるときに、掘削する際に漁業者への代償を払えばいいという従来の考えを乗り越えて、漁業者とまさしく一緒になって自前資源の開発に取り組むという考え方も確認しました。

座談のなかで、青山大樹独研社長がガスプルームに関する研究の世界の動向について最新情報を明らかにしました。それによると、以前はガスプルームを研究しているのは、世界でもわずかな人数でした。しかし、最近ではその数が加速度的に増え、ガスハイドレートを知るためのひとつのアプローチ方法としてガスプルーム研究が確立されつつあります。

しかし日本では、私と北見工業大学の皆さん等、数えるほどしかいません。

ガスプルームは沖縄トラフの熱水海域でも、私はたくさん観測しました。日本の排他的経済水域内を探せばまだまだガスプルームはあると思います。そしてガスプルームの海底下には天然ガスやＭＨなどエネルギー資源が眠っている可能性があります。

今後、ガスプルームを研究する若い研究者が増えることを期待します。

あとがき

読者・国民の皆さん、長い時間おつきあいいただきありがとうございました。科学者の熱き心とその取組みを体感していただけたでしょうか？

すべての対談を終えて、政府への提言を、以下にまとめました。

- 資源エネルギー開発部門を統合して「産業エネルギー省」とする。
- エネルギー資源をめぐる新しい日本の姿、漁業従事者との連携を考える。
- 地産地消エネルギーとして、まずは日本海側の各地で天然ガスバスを走らせる。
- 基幹エネルギーとして、パイプラインを産地から首都圏、京阪神まで構築する。
- 研究者・技術者の人材育成の予算を計画的にたてる。
- 表層型ＭＨの資源量の評価手法を確立して資源量評価を行う。
- ＭＨの物性研究を継続する。
- 表層型ＭＨ生産方法の検討を本格化させ、確立し、生産試験を実施する。
- 砂層型ＭＨ生産方法を確立する。

・国民の理解のために、国民への発信方法を改革する。

私は、今後も引き続き、プルームに関する研究を続けていきます。また進捗を本にして皆さまにお目にかかりたいと思います。

今回は、ＭＨ研究開発などに関わっている三〇人の科学者の方々にインタビューのオファーを出しました。そのなかから二四人の方々にご協力いただきました。皆さまお忙しいなか、インタビューと原稿の確認をしていただき、感謝致します。

残りの六人の方は残念ながらインタビュー出来ませんでした。そのＮＧ理由は、「調査のため長期乗船中で物理的にインタビューが無理」であったり、「守秘義務のある観測業務に従事していて何を話していいか分からないから無理」であったりしました。今回話を聞けなかった方々にも機会があればまた是非オファーを出したいと思います。

業技術研究所資源エネルギー基礎工学部長などを歴任。1992年からメタンハイドレートの研究を実施し、経済産業省「メタンハイドレート開発促進事業」の開発計画の策定に携わったほか、解析技術基盤の整備を通じ砂質型メタンハイドレート資源の生産手法として「減圧法」を開発。それらの業績に対し、文部科学大臣表彰、日本エネルギー学会賞などを受賞。また、産業技術総合研究所メタンハイドレート研究センター長として多くの企業・大学を牽引し、わが国のメタンハイドレート研究開発の礎を築いた。

西尾伸也《にしお　しんや》

1979年北海道大学工学部土木工学科卒業。1981年北海道大学大学院工学研究科木工学専攻修了。同年、清水建設入社。1991年カリフォルニア大学バークレー校客員研究員。1992年帰国。2002年メタンハイドレート資源開発研究コンソーシアムにて委託研究開始。2015年清水建設退職。同年、日本大学生産工学部土木工学科教授。現在に至る。工学博士、技術士（建設部門）。

福岡浩《ふくおか　ひろし》

新潟大学災害・復興科学研究所教授。長崎県長崎市生まれ。1992年京都大学大学院理学研究科博士課程（地球物理学専攻）修了、理学博士（京都大学）。京都大学防災研究所助手・助教授・准教授等を経て、2014年より現職。専門は地すべり学で、主に高速長距離運動地すべりの発生運動機構および監視、早期警戒避難をテーマに研究。2014年の広島土砂災害や本年の熊本地震においても、現地調査を行い、土砂災害の防災・減災に尽力している。新潟大学着任後、表層型メタンハイドレートの資源開発にも取り組む。主な著書（共著）に『地盤災害論』『しなやかな社会の創造』『防災学ハンドブック』『自然災害と防災の事典』『Progress in Landslide Science』ほか。

藤井哲哉《ふじい　てつや》

神奈川県出身。信州大学理学部地質学科卒。東京大学大学院地球惑星物理学専攻修了。1996年石油公団入団。技術センター地質・地化学研究室、技術部地質課、豪州アデレード大学留学、メタンハイドレート研究プロジェクトチーム、中東アブダビ事務所勤務（3年間）を経て、2012年1月より現職。専門は石油地質学。東部南海トラフや日本周辺海域の資源量評価、集積メカニズムの検討、海洋産出試験や陸上産出試験の地質評価・貯留層評価に従事。

増田昌敬《ますだ　よしひろ》

静岡市出身。東京大学人工物工学研究センター教授。1982年東京大学大学院工学系研究科修士課程修了。1994年高分子水溶液を利用した石油増進回収法の研究で博士号（工学）を取得。石油資源開発株式会社での勤務、東京大学講師、同准教授を経て、201

4年同教授。2009年よりメタンハイドレート資源開発研究コンソーシアム（MH21）のプロジェクトリーダーを務める。専門は石油工学で、多孔質媒体内の物質・熱の移動現象のモデリングと数値計算。

南《みなみ》亮《りょう》

1990年東京大学法学部卒業。同年、通商産業省入省。2010年資源エネルギー庁 国際課長。2012年資源エネルギー庁石油・天然ガス課長。2015年通商政策局欧州課長。

森田《もりた》澄人《すみと》

国立研究開発法人産業技術総合研究所、地質調査総合センター研究企画室長。神戸市出身。北海道大学卒業、東京大学大学院博士課程修了。博士（理学）。工業技術院地質調査所、石油公団石油開発技術センター研究員、産業技術総合研究所主任研究員、研究グループ長などを経て現職。専門は海洋地質学、燃料地質学。国のメタンハイドレート開発促進事業で日本海の表層型メタンハイドレート調査の代表を務める。趣味は音楽、家族との食事やショッピング。

山本《やまもと》晃司《こうじ》

北海道出身。東北大学理学部物理学科卒。東北大学工学研究科博士課程後期修了。博士（工学）。民間シンクタンク勤務を経て2007年よりJOGMEC勤務。専門は地層力学（ジオメカニクス）、及び地層内の動的現象の数値解析。在来型油田の坑壁安定性解析等のプロジェクトに参加する他、2008年第2回陸上産出試験R&Dリード、13年第1回海洋産出試験船上代表としてメタンハイドレート研究開発に参加。趣味は自転車で坂道を上ること。

横山《よこやま》幸也《たつや》

1954年広島県生まれ。神戸大学理学部地球科学科卒業、博士（工学）、技術士（応用理学）。現応用地質株式会社技術参与、京都大学非常勤講師。地殻応力／初期地圧に関する計測技術、解析、評価が専門。国内、海外の多くで地殻応力を自ら計測し、最近計測技術のレビュー論文を発表。2003年頃からメタンハイドレート開発に係わる研究に従事。その分解過程に係わる実験的研究や生産に伴う原位置での地層変形計測装置の開発を手がける。広島東洋カープのファン。

渡邊《わたなべ》裕章《ひろあき》

2008年京都大学大学院修了、博士（工学）。専門は機械工学、熱工学。1998～2014年一般財団法人電力中央研究所研究員、2010～11年スタンフォード大学客員研究員、2011～14年東京大学大学院客員准教授、2014年から現職（九州大学大学院准教授）。熱工学分野の立場から、最先端の火力発電技術の研究開発に従事。工学的な観点から、メタンハイドレートの回収・利用技術の研究開発に携わっている。